SOB EFEITO DE PLANTAS

MICHAEL POLLAN

SOB EFEITO DE PLANTAS

Tradução de
Rogerio W. Galindo

Copyright © 2021 by Michael Pollan

TÍTULO ORIGINAL
This Is Your Mind On Plants

REVISÃO
Juliana Brandt
Luana Luz

REVISÃO TÉCNICA
Luiz Otávio Felgueiras

ADAPTAÇÃO DE PROJETO GRÁFICO E DIAGRAMAÇÃO
Ilustrarte Design e Produção Editorial

CIP-BRASIL. CATALOGAÇÃO NA PUBLICAÇÃO
SINDICATO NACIONAL DOS EDITORES DE LIVROS, RJ

P833s

    Pollan, Michael, 1955-
       Sob efeito de plantas / Michael Pollan ; tradução Rogerio W. Galindo. - 1. ed. - Rio de Janeiro : Intrínseca, 2023.
       320 p. ; 21 cm.

       Tradução de: This is your mind on plants
       ISBN 978-65-5560-372-9

       1. Psicofarmacologia. 2. Ópio. 3. Mescalina. 4. Cafeína. 5. Sistema nervoso central - Efeito das drogas. I. Galindo, Rogerio w. II. Título.

22-81375   CDD: 615.78
                                          CDU: 615.214

Meri Gleice Rodrigues de Souza - Bibliotecária - CRB-7/6439

[2023]
Todos os direitos desta edição reservados à
Editora Intrínseca Ltda.
Rua Marquês de São Vicente, 99, 6º andar
22451-041 – Gávea
Rio de Janeiro – RJ
Tel./Fax: (21) 3206-7400
www.intrinseca.com.br

Para Judith,
por compartilhar esta jornada

Sumário

Introdução   9

ÓPIO   23
   Prólogo   25
   "Ópio, facilitado"   33
   Epílogo   108

CAFEÍNA   113

MESCALINA   195
   1. A porta na parede   197
   2. Órfão psicodélico   201
   3. Onde encontramos os cactos   211
   4. O nascimento de uma nova religião   226
   5. Espiando o interior da tenda   239
   6. Um interlúdio: sob a mescalina   257

7. Aprendendo com o São Pedro — 268
8. Dirigindo bêbado — 273
9. Plano C — 276

Agradecimentos — 297
Bibliografia selecionada — 303
Índice — 307

Introdução

Dos muitos benefícios que os seres humanos extraem das plantas — sustento, beleza, remédios, fragrância, sabor, fibras — certamente o mais curioso é o uso que fazemos delas para mudar o estado de nossa consciência: para estimular ou acalmar, manipular ou alterar por completo as qualidades de nossa experiência mental. Como a maioria das pessoas, uso algumas plantas dessa maneira diariamente. Todas as manhãs sem falta começo meu dia preparando uma infusão de água quente com uma das duas plantas das quais dependo (e de fato sou dependente) para desobstruir a mente, melhorar a concentração e me preparar para o dia. Em geral não pensamos na cafeína como uma droga, ou em nosso uso diário como um vício, mas só porque o café e o chá-da-índia* são legalizados e nossa de-

---

* Em inglês, o termo *tea* é comumente usado para descrever todas as variações de chás feitas a partir de folhas de *Camellia sinensis*; ao passo que os chás de ervas são descritos deste modo: *herbal teas*. No Brasil, o termo chá abarca todos os tipos de preparos à base de fervura de folhas. Todas as menções do termo chá ao longo deste livro referem-se, portanto, ao chá-da-índia (que contém cafeína), exceto quando especificado. (N. do E.)

pendência deles é socialmente aceitável. Então, o que é uma droga? E por que fazer um preparado usando folhas de *Camellia sinensis* não é controverso, ao passo que fazer o mesmo com as sementes da *Papaver somniferum*, como descobri por minha conta e risco, é um crime federal?

Qualquer um que tente elaborar uma definição robusta de drogas acaba tendo dificuldade. Canja de galinha é droga? E açúcar? Adoçantes artificiais? Chá de camomila? E quanto aos placebos? Se definirmos droga como uma mera substância que ingerimos para alterar o nosso estado de alguma forma, seja o corpo ou a mente (ou ambos), todas essas substâncias certamente se encaixam na definição. Mas não devíamos ser capazes de distinguir alimentos de drogas? Diante deste mesmo dilema, a Food and Drug Administration (FDA) hesitou, propondo uma definição oficial de drogas como "artigos que não são alimentos" que são reconhecidos pela farmacopeia — isto é, que são reconhecidos como drogas pela FDA. Não ajuda muito.

As coisas ficam só um pouco mais evidentes quando o adjetivo "ilícito" é utilizado: uma droga ilícita é aquela que o governo decide que é ilícita. Não é por acaso que as drogas ilegais sejam quase exclusivamente as que têm o poder de alterar o estado de consciência. Ou, talvez eu deva dizer, com o poder de mudar o estado de consciência de maneiras incompatíveis com o funcionamento tranquilo da sociedade e dos interesses de quem está no poder. Como exemplo, o café e o chá, que já demonstraram amplamente seu valor para o capitalismo de muitas formas, no mínimo nos tornando trabalhadores mais eficientes, não correm risco de ser proibidos, enquanto os psicodélicos — que não são mais tóxicos que a cafeína e são consideravelmente menos viciantes — têm sido vistos, pelo menos no Ocidente desde meados dos anos 1960, como uma ameaça às normas sociais e instituições.

Mas mesmo essas classificações não são tão robustas ou imutáveis quanto se possa pensar. Em vários momentos, tanto no mundo árabe quanto na Europa, as autoridades tornaram o café ilegal por considerar as pessoas que se reuniam para bebê-lo uma ameaça política. Enquanto escrevo, os psicodélicos parecem estar passando por uma mudança de identidade. Uma vez que pesquisas demonstraram a utilidade da psilocibina no tratamento de doenças mentais, alguns psicodélicos podem em breve se tornar remédios aprovados pela FDA: isto é, reconhecidos mais como úteis do que ameaçadores para o funcionamento da sociedade.

De fato, os indígenas sempre entenderam essas substâncias exatamente assim. Em muitas comunidades indígenas, o uso cerimonial do peiote, um psicodélico, *reforça* as normas sociais ao reunir as pessoas para ajudar a curar traumas do colonialismo e da desapropriação. O governo norte-americano reconhece o direito previsto pela Primeira Emenda que os nativos norte-americanos têm de ingerir o peiote como parte do exercício livre de sua religião, mas sob nenhuma circunstância o restante dos norte-americanos pode gozar desse direito, mesmo se usarmos o peiote de maneira semelhante. Eis um caso em que a identidade do usuário é o que determina o status jurídico da droga.

Nada a respeito das drogas é simples. Contudo, nossos tabus sobre plantas não são completamente arbitrários. Como esses exemplos sugerem, as sociedades condenam as drogas que alteram o estado de consciência e ajudam a manter as regras sociais e proíbem as que são vistas como ameaças. É por isso que podemos entender muito sobre os medos e desejos de uma sociedade observando as escolhas que esta faz em relação a substâncias psicoativas.

Desde que comecei a cuidar de plantas na adolescência e tentei cultivar cannabis, me fascinam a atração que sentimos por esses elementos poderosos, seus tabus igualmente poderosos e sentimentos fortes que criamos em torno deles. Comecei a entender que, ao permitir que as plantas entrem em nossos corpos e alterem o estado de nossa mente, estamos interagindo com a natureza de uma das formas mais profundas possível.

Dificilmente existirá cultura na Terra que não tenha descoberto em seu ambiente pelo menos uma planta ou fungo, e na maioria dos casos todo um conjunto deles, que alteram o estado de consciência de uma ou mais maneiras. Durante um processo longo e perigoso de tentativa e erro, os seres humanos identificaram plantas que aliviam o peso da dor física; que nos deixam mais alertas ou capazes de realizações incomuns; que nos deixam mais sociáveis; que provocam encanto ou êxtase; que alimentam nossa imaginação; que nos levam a transcender o espaço e o tempo; que causam sonhos, visões e experiências místicas; e que nos levam à presença de nossos ancestrais e deuses. É evidente que o estado de consciência normal diário não nos é suficiente; procuramos alterar, intensificar e, às vezes, transcendê-lo, e identificamos toda uma coleção de moléculas na natureza que nos permitem fazer justamente isso.

Sob efeito de plantas é uma investigação pessoal de três dessas moléculas e as incríveis plantas que as produzem: a morfina na papoula; a cafeína no café e no chá; e a mescalina produzida pelo peiote e pelo cacto São Pedro. A segunda dessas moléculas hoje é legalizada em qualquer lugar; a primeira é ilegal na maioria dos locais (a menos que tenha sido refinada por uma companhia farmacêutica e prescrita por um médico); e a terceira é ilegal nos Estados Unidos a menos que você seja membro de uma tribo nativa americana. Cada uma representa uma das três amplas categorias de compostos psicoativos: as depressoras (ópio); as estimulantes (cafeína); e uma que acredito ser do tipo revelador (mescalina). Ou, usando uma terminologia um pouco mais científica, descrevo aqui um sedativo, um estimulante e um alucinógeno.

Vistas em conjunto, essas três drogas orgânicas dão conta de grande parte do espectro da experiência humana com substâncias psicoativas, do uso diário da cafeína, a droga psicoativa mais popular no planeta; ao uso cerimonial de mescalina pelos indígenas; ao uso longevo de opioides para aliviar a dor. Este capítulo em particular é ambientado durante a guerra contra as drogas, um momento confuso em que o governo norte-americano prestava mais atenção em alguns agricultores cultivando opioides para produzir um chá levemente narcótico do que na companhia farmacêutica que sabidamente viciava milhões de norte-americanos em seu opioide aprovado pela FDA, o OxyContin. Eu era um desses agricultores.

Conto cada uma dessas histórias a partir de múltiplas perspectivas e através de várias lentes: histórica, antropológica, botânica e pessoal. Em todos os casos estive pessoalmente envolvido — não sei como escrever sobre as sensações, e os significados, de alterar o estado de consciência sem fazer experimentos pessoais. Embora no caso da cafeína, a autoexperimentação tenha significado me abster ao invés de consumir, o que se mostrou muito mais difícil de fazer.

Um dos capítulos deste livro consiste num ensaio que escrevi há vinte e cinco anos, quando a guerra contra as drogas estava a todo vapor, e tem as cicatrizes daquele período de medo e paranoia. Mas as outras histórias foram afetadas pelo declínio dessa guerra, cujo fim agora parece estar à vista. Na eleição de 2020, os eleitores do Oregon votaram para descriminalizar a posse de *todas* as drogas e especificamente para legalizar tratamentos com psilocibina.* Uma medida aprovada na eleição em Washington, D.C., pede a descriminalização de "plantas e fungos enteogênicos". ("Enteogênico", do grego "para manifestar o deus [divino] interior", é um termo alternativo para psicodélico, cunhado em 1979 por um grupo de estudiosos religiosos que esperavam retirar a mancha da contracultura desta classe de drogas e destacar seu uso espiritual há milhares de anos.) Na mesma eleição, Nova Jersey, junto com outros quatro estados tradicionalmente republicanos — Arizona, Mississippi, Montana e Dakota do Sul —, votaram para legalizar a maconha, totalizando 36 estados que já liberaram alguma forma de uso desta.

---

* "Descriminalizar" é um termo um pouco impróprio; a medida aprovada pelo voto instrui a polícia e os promotores a transformar o combate a crimes envolvendo a plantação, posse ou uso — mas não a venda — de plantas medicinais em sua menor prioridade. A campanha foi organizada por um novo movimento de reforma da legislação sobre drogas chamado Descriminalize a Natureza, que discuto no capítulo sobre a mescalina. (N. do A.)

Minha aposta ao escrever *Sob efeito de plantas* é que o declínio da guerra contra as drogas, com suas narrativas extremamente simplistas sobre "como funciona o seu cérebro sob efeito de drogas", abriu um espaço no qual podemos contar outras histórias muito mais interessantes sobre nosso relacionamento antigo com as plantas e fungos que alteram o estado de consciência com os quais a natureza nos abençoou.

Uso a palavra "abençoar" consciente das tragédias humanas que podem acompanhar o uso de drogas. Muito mais do que nós, os gregos da Antiguidade entendiam a natureza dúbia desses elementos; uma compreensão refletida no caráter ambíguo do termo que usavam para elas: *pharmakon*. Um *pharmakon* pode ser tanto um remédio quanto um veneno; tudo depende do uso, da dose, da intenção, do cenário e do ambiente.* (A palavra tem também um terceiro significado, usado com frequência durante a guerra contra as drogas: um *pharmakon* é também um bode expiatório, algo para um grupo usar como justificativa para seus problemas.) O uso abusivo de drogas sem dúvida é real, mas é menos um problema de descumprimento das leis do que de um relacionamento não saudável com uma substância, seja ela lícita ou ilícita, na qual o aliado, ou remédio, se torna um inimigo. Os mesmos opioides que mataram cerca de cinquenta mil norte-americanos de overdose em 2019 também tornam cirurgias suportáveis e mais amena a passagem de quem parte desta vida. Com certeza algo que se qualifica como bênção.

---

* "Cenário e ambiente" são termos que Timothy Leary cunhou para destacar a poderosa influência do padrão de pensamento e do ambiente físico na determinação de uma experiência psicodélica. (N. do A.)

* * *

As HISTÓRIAS QUE CONTO aqui colocam este trio de substâncias químicas orgânicas psicoativas no contexto da nossa relação com a natureza de modo geral. Uma das nossas inúmeras conexões com o mundo natural é a que existe entre a química orgânica e a consciência humana. E já que isso *é* um relacionamento, precisamos contabilizar os pontos de vista das plantas assim como o nosso. Não é incrível que tantas delas tenham encontrado as receitas precisas das moléculas que se encaixam perfeitamente aos receptores do cérebro humano? E que ao fazer isso essas moléculas podem provocar um curto-circuito em nossa experiência com a dor, ou nos causar excitação, ou acabar com a sensação de sermos seres independentes? É preciso se perguntar: o que as plantas ganham ao conceber e fabricar moléculas capazes de se passar por neurotransmissores humanos e nos afetar de maneiras tão profundas?

A maioria das moléculas capazes de alterar a mente dos animais começou como um recurso de defesa das plantas: alcaloides como a morfina, a cafeína e a mescalina são toxinas amargas cuja função é desencorajar que a planta seja comida e, se os animais insistirem, envenená-los. Mas as plantas são espertas e no decorrer da evolução aprenderam que apenas matar a praga de imediato não necessariamente é a melhor estratégia. Como um pesticida letal que é rápido em selecionar os membros mais resistentes da população de pragas, neutralizando-os, as plantas evoluíram para estratégias mais sutis de engano: químicos que alteram o estado mental dos animais, deixando-os confusos, desorientados ou sem apetite —

algo que a cafeína, a mescalina e a morfina fazem de maneira consistente.

Mas, embora a maioria dessas moléculas psicoativas tenha começado como venenos, elas por vezes evoluíram para se tornar o oposto: atrativos. Os cientistas recentemente descobriram algumas espécies que produzem cafeína no néctar, que é o último lugar onde se esperaria que uma planta apresentasse uma bebida venenosa. Essas plantas descobriram que podem atrair polinizadores ao oferecer a eles uma pequena dose de cafeína; melhor ainda, essa cafeína já demonstrou ser capaz de melhorar a memória das abelhas, tornando-as polinizadoras mais fiéis, eficientes e dedicadas. Basicamente a mesma coisa que a cafeína faz por nós.

Tão logo os seres humanos descobriram o que a cafeína, a morfina e a mescalina podiam fazer por eles, as plantas que produziam as maiores quantidades desses químicos foram as que prosperaram à luz de nossa atenção; disseminamos seus genes pelo mundo, expandindo amplamente seu habitat e garantindo que todas as suas necessidades fossem atendidas. Agora, nosso destino e o dessas plantas estão interligados de maneira complexa. O que começou como guerra evoluiu para um casamento.

POR QUE INVESTIMOS TANTO em alterar o estado de nossa mente e por que cercamos esse desejo universal de leis e impostos, de tabus e ansiedade? Essas perguntas me perseguem desde que comecei a escrever sobre nossa interação com o mundo natural, há mais de trinta anos. Quando comparamos esse desejo a outras necessidades que saciamos por meio da natureza — comida, roupas, abrigo, beleza e tantas coisas mais — nossa disposição para alterar o estado de consciência não parece contribuir nem de perto da mesma maneira, se é que de fato contribui, para nosso sucesso ou sobrevivência. De fato, esse desejo pode ser visto como uma falha adaptativa, uma vez que estados alterados podem nos colocar em risco de acidentes ou nos tornar mais vulneráveis a ataques. Além disso, muitas dessas substâncias químicas são tóxicas; outras, como a morfina, são muito viciantes.

Mas, se o desejo de nossa espécie pela alteração do estado de consciência é universal, uma característica humana intrínseca, os benefícios devem compensar os riscos, ou a seleção natural teria há muito tempo eliminado os usuários de drogas. Vejamos, por exemplo, a importância da morfina como analgésico, o que a tornou uma das drogas mais importantes na farmacopeia há milhares de anos.

Plantas que alteram o estado de consciência se relacionam com outras necessidades humanas também. Não podemos subestimar o valor, para as pessoas presas a vidas monótonas, de uma substância que possa aliviar o tédio e entretê-las ao promover novas sensações mentais e pensamentos. Algumas drogas podem expandir as fronteiras de um mundo limitado pelas circunstâncias, como descobri durante a pandemia. Drogas que aumentam a sociabilidade não apenas nos agradam, mas presumivelmente resultam em mais descendentes. Estimulantes como a cafeína melhoram a concentração, nos tornando mais capazes de aprender e de trabalhar e de pensar de maneira racional e linear. A consciência humana está sempre sob risco de ficar paralisada, presa a círculos viciosos de ruminação; substâncias químicas extraídas de cogumelos como a psilocibina nos dão um empurrãozinho para fora desses buracos, liberando um cérebro atravancado e possibilitando novos padrões de pensamento.

As drogas psicodélicas também têm o poder de nos beneficiar — e ocasionalmente a nossa cultura — ao estimular a imaginação e alimentar a criatividade dos indivíduos que as consomem. Não estou sugerindo que todas as ideias que surgem numa mente alterada são boas; a maioria não é. Mas, de vez em quando, o cérebro que viaja vai esbarrar numa nova ideia, uma solução para um problema, ou uma nova maneira de ver coisas que beneficiarão o grupo e, possivelmente, mudarão o curso da história. É possível defender a ideia de que a introdução da cafeína na Europa no século XVII promoveu uma nova mentalidade, mais racional (e sóbria), que ajudou a dar origem à era da razão e ao Iluminismo.

É útil pensar nas moléculas psicoativas como mutações, mas mutações que operam no espectro da cultura humana em vez de na biologia. Da mesma maneira que a exposição a uma força disruptiva como a radiação pode provocar mutações, criando variações genéticas e lançando novas características que de tempos em tempos se revelam adaptáveis para a espécie, as drogas psicoativas, atuando na mente dos indivíduos, ocasionalmente contribuem com novas mensagens úteis para a evolução da cultura: revelações conceituais e metáforas e teorias novas. Nem sempre, nem com frequência, mas muito de vez em quando, o encontro entre uma mente e uma molécula vinda de uma planta muda as coisas. Se a imaginação humana tem uma história natural, como deve ter, pode haver qualquer dúvida de que a química vegetal tenha ajudado a moldá-la?

Compostos psicodélicos podem promover experiências de adoração e conexão mística que nutrem o impulso espiritual dos seres humanos — na verdade, podem tê-lo originado, de acordo com alguns estudiosos da religião.* A noção de um além, de uma dimensão oculta da realidade, de um pós-vida — essas também podem ser mensagens apresentadas à cultura humana por visões que as moléculas psicoativas inspiraram na mente humana. As drogas não são a única maneira de causar o tipo de experiência mística no cerne de muitas tradições religiosas — a meditação, o jejum e o isolamento podem ter resultados semelhantes —, mas elas são um recurso infalível de fazê-la acontecer. O uso espiritual ou cerimonial de drogas vegetais também pode ajudar a unir as pessoas, fomentando um sentimento mais forte de conexão social acompanhado de uma diminuição da autoconsciência. Estamos apenas começando a entender como nosso envolvimento com plantas psicoativas determinou a história.

Sendo assim, não deveria nos surpreender que as plantas que apresentam esse poder e essas possibilidades sejam cercadas de

---

* A ideia de que os psicodélicos desempenharam um papel fundamental na religião tem aparecido perifericamente nos estudos religiosos desde, pelo menos, os anos 1970, quando R. Gordon Wasson (o homem que redescobriu a psilocibina) colaborou com Albert Hofmann (o inventor da dietilamida do ácido lisérgico, ou LSD) e um jovem classicista chamado Carl A. P. Ruck na escrita de *The Road to Eleusis: Unveiling the Secret of the Mysteries* [A estrada para Elêusis: Desvendando o segredo dos mistérios] (Nova York: Harcourt Brace Jovanovich, 1978; reimpressão, Berkeley: North Atlantic Books, 2008). Ver também John M. Allegro, *The Sacred Mushrrom and the Cross* [O cogumelo sagrado e a cruz] (Londres: Hodder and Stoughton; Nova York: Doubleday, 1970). Uma excelente investigação recente do papel dos psicodélicos no início da religião é encontrada no livro de Brian C. Muraresku, *The Immortality Key: The Secret History of the Religion with No Name* [A chave para a imortalidade: A história secreta da religião sem nome] (Nova York: St. Martin's Press, 2020). (N. do A)

emoções, leis, rituais e tabus igualmente poderosos. Isso reflete a compreensão de que alterar o estado da mente pode ser perturbador tanto para os indivíduos quanto para as sociedades, e que, quando essas ferramentas poderosas são colocadas nas mãos de seres humanos falíveis, as coisas podem dar muito errado. Temos muito a aprender com as culturas tradicionais indígenas que há muito já fazem uso de psicodélicos como a mescalina ou a ayahuasca: via de regra, a substância nunca é usada casualmente, mas sempre com intenção, cercada de rituais e sob o olhar atento de anciões experientes. Esses indivíduos reconhecem que as plantas são capazes de libertar energias dionisíacas que podem sair do controle se não forem usadas com cuidado.

Mas o instrumento contundente de uma guerra contra as drogas nos impediu de levar em conta tais ambiguidades e os importantes questionamentos que elas levantam sobre nossa natureza. A versão simplista dessa empreitada a respeito do que as drogas fazem e são, assim como sua insistência em agrupar todas elas com nitidez sob uma rubrica sem sentido, têm nos impedido há tempo demais de pensar com precisão sobre o significado e o potencial dessas substâncias muito diferentes entre si. O status jurídico desta ou daquela molécula é uma das informações menos interessantes a seu respeito. De maneira muito semelhante a um alimento, uma droga psicoativa é menos uma coisa — sem um cérebro humano, é inerte — do que um relacionamento; é preciso tanto uma molécula quanto uma mente para fazer algo acontecer. A premissa deste livro é que esses três relacionamentos colocam em evidência nossas mais profundas necessidades e aspirações humanas, o funcionamento de nossa mente e nossa interação com o mundo natural.

ÓPIO

Prólogo

A NARRATIVA QUE SE segue a este prólogo é uma espécie de texto de época, um despacho da guerra contra as drogas quando ela estava perto do auge, por volta de 1996-97, e que acabou se tornando uma vítima menor desta. O texto foi publicado originalmente na edição de abril de 1997 da *Harper's Magazine*, mas não na íntegra. Depois de consultar vários advogados, concluí que havia quatro ou cinco páginas cruciais da narrativa que não poderia publicar sem correr o risco de ser preso e ter nossa casa e jardim confiscados — a destruição de nossa vida, basicamente. Vinte e quatro anos depois, aquelas páginas — que haviam se perdido depois que as escondi — foram restauradas e aparecem aqui impressas pela primeira vez.

A história, que começou como uma espécie de brincadeira, findou em ansiedade, paranoia e autocensura. Na época, eu, minha esposa e nosso filho de 4 anos vivíamos na área rural de Connecticut, e eu estava escrevendo ensaios pessoais sobre o dia a dia do meu cultivo. Como jardineiro, fiquei fascinado pela relação simbiótica que nossa espécie estabeleceu com certas plantas, usando-as para atender nossos desejos por todo tipo de coisa, de nutrição a beleza passando pela mudança do estado de consciência. No início de 1996, meu editor na *Harper's Magazine*, Paul Tough, me enviou um livro de uma editora clandestina que tinha ido parar na mesa dele chamado *Opium for the Masses* [Ópio para as massas], sugerindo que talvez houvesse ali um tema para uma coluna minha. Na mesma hora, fiquei intrigado pela ideia de que eu poderia cultivar papoulas e produzir a mais antiga droga psicoativa no meu jardim a partir de sementes de fácil obtenção. Decidi tentar, só para ver o que ia acontecer. O resultado se transformou num pesadelo real quando me vi envolvido numa discreta, mas determinada, campanha federal para eliminar o conhecimento a respeito de um narcótico caseiro fácil de produzir antes que se tornasse uma moda.

Lido hoje, no que podemos esperar que sejam os últimos dias da guerra contra as drogas, o texto parece exagerado em alguns momentos, mas é crucial entender o contexto no qual ele foi escrito. Com o presidente Clinton, o governo atuava na guerra contra as drogas com uma veemência nunca antes vista nos Estados Unidos. No ano em que plantei minhas papoulas, mais de um milhão de norte-americanos foram presos por crimes relacionados a drogas. As penas de muitos desses crimes tornaram-se draconianas sob a lei criminal de Clinton de 1994, que introduziu as novas disposições de sentença conhecidas como *"three-strikes"* [três infrações], levando a penas mínimas para muitos crimes não violentos envolvendo drogas.

Em meados dos anos 1990, uma série de decisões da Suprema Corte em casos de drogas deu ao governo uma gama de novos poderes que corroeram de forma significativa nossas liberdades civis. O governo também ganhou novos poderes para confiscar propriedades — casas, carros, terrenos — envolvidas em crimes de drogas, mesmo que ninguém tivesse sido condenado ou sequer indiciado.

Essa erosão das liberdades civis foi um efeito secundário da guerra contra as drogas ou seu objetivo? Boa pergunta. Não foi o presidente Clinton quem começou a guerra contra as drogas — esse título pertence a Richard Nixon, que hoje sabemos que não via o combate às drogas como uma questão de saúde pública ou de segurança, mas como uma ferramenta política contra seus inimigos. Em um artigo de abril de 2016 na *Harper's Magazine*, "Legalize It All" [Legalizem tudo], Dan Baum relembrou uma entrevista que fez com John Ehrlichman em 1994 — dois anos antes das minhas desventuras no jardim. Ehrlichman foi conselheiro de política interna do presidente Nixon; cumpriu pena em uma prisão federal pelo papel que desempenhou no Watergate. Baum foi conversar com Ehrlichman sobre a guerra contra as drogas, da qual foi seu principal arquiteto.

"Você quer saber do que realmente se tratava?" perguntou Ehrlichman de cara, chocando o jornalista tanto pela franqueza quanto pelo cinismo. Ele explicou que a Casa Branca de Nixon "tinha dois inimigos: a esquerda pacifista e os negros… Sabíamos que era impossível condenar alguém judicialmente por ser pacifista ou por ser negro, mas, ao fazer o público associar os hippies com a maconha e os negros com a heroína, e depois criminalizar ambos rigorosamente, podíamos perturbar essas comunidades. Podíamos prender seus líderes, invadir suas casas, interromper suas reuniões e vilipendiá-los noite após noite no noticiário noturno. Sabíamos que estávamos mentindo sobre as drogas? É óbvio que sabíamos."*

Embora a guerra contra as drogas não tenha chegado nem a uma declaração de vitória nem de derrota, é raro ouvirmos a expressão da boca de representantes do governo e de políticos hoje. Suspeito que há duas razões para o silêncio: no que diz respeito à política, o governo tem menos necessidade de leis antidrogas draconianas desde que declarou uma nova "guerra" em 2001. A guerra contra o terror assumiu o papel da contra as drogas como justificativa para expandir o poder governamental e limitar as liberdades civis. E, no que diz respeito à saúde pública, passado meio século de promoção da guerra contra as drogas tornou-se óbvio para qualquer pessoa atenta que são elas que estão vencendo. Criminalizar as drogas fez pouco para desencorajar seu uso ou para reduzir os índices de vício e de mortes por overdose. O principal legado dessa empreitada foi encher nossas prisões com centenas de milhares de criminosos não violentos — negros em quantidade muito maior do que hippies. É este, portanto, o primeiro contexto histórico sob o qual meu relato sobre cultivo de ópio em 1996 deve ser lido, como uma janela para um período obscuro e de medo nos Estados Unidos, quando não era preciso sair do

---

* A veracidade da citação foi questionada por alguns dos colegas de Ehrlichman no governo; Baum morreu em 2020, então não pude pedir a ele documentos ou explicações sobre por que esperou mais de uma década para publicá-la. (N. do A.)

próprio jardim para se tornar um criminoso e se colocar em grave risco de se ver condenado. Mas há outro contexto histórico no qual o texto pode ser lido, e quanto a esse ninguém estava ciente na época.

As palavras "ópio" e "opioides" têm agora um conjunto bastante diferente de conotações do que tinham quando plantei minhas papoulas em 1996. Hoje, elas conjuram uma catástrofe de saúde pública nacional nos Estados Unidos, mas em 1996 não havia uma "crise de opioides". O que havia eram talvez meio milhão de viciados em heroína e cerca de 4.700 mortes anuais por overdose de drogas. Na época, essas tragédias eram com frequência citadas para justificar a guerra contra as drogas, mas em um país com uma população de 270 milhões isso dificilmente se qualificaria como uma crise de saúde pública. (Razão pela qual a cannabis teve de ser acrescentada à lista dos alvos.) Hoje, por comparação, as mortes por overdose de opioides, tanto lícitos quanto ilícitos, chegam a cinquenta mil por ano e um total estimado de dois milhões de norte-americanos são viciados em opioides. (Outros dez milhões abusam de seu uso, segundo a Substance Abuse and Mental Health Services Administration [Agência de Serviços em Abuso de Substâncias e Saúde Mental dos Estados Unidos].) Depois da covid-19, a epidemia de opioides representa a maior ameaça de saúde pública desde a epidemia de aids/HIV.

No caso dessa epidemia, no entanto, o principal culpado não é um vírus, nem mesmo o mercado de drogas ilícitas; é uma empresa. O que eu não sabia enquanto realizava experimentos ilegais com ópio é que, no mesmo momento histórico, a indústria farmacêutica estava plantando as primeiras sementes da crise dos opioides. No mesmo verão em que a Drug Enforcement Administration (DEA) [Agência de Fiscalização de Drogas] perseguia discretamente agricultores, vendedores de sementes, escritores e outros peixes pequenos envolvidos com a papoula, a Purdue Pharma — uma empresa farmacêutica pouco conhecida com sede em Stamford, no Connecticut, a 96 quilômetros do meu jardim seguindo pela Rota 7 — começava a promover um novo opioide de liberação lenta chamado OxyContin.

Lançada em 1996, a agressiva campanha de marketing da Purdue para o OxyContin convenceu os médicos de que aquela nova formulação era mais segura e menos viciante do que os demais opioides. A empresa garantiu para a comunidade médica que a dor não vinha sendo tratada de forma adequada, e que o novo OxyContin poderia beneficiar não apenas pacientes de câncer e que tinham passado por cirurgias, mas pessoas sofrendo com artrite, dor nas costas e com sequelas de acidentes de trabalho. A campanha produziu uma explosão nas prescrições, gerando para os donos da empresa, a família Sackler, mais de 35 bilhões de dólares e, ao mesmo tempo, mais de 230 mil mortes por overdose.* No entanto, esse total subestima em muito o número de mortes causadas pelo OxyContin: milhares de pessoas que se tornaram viciadas em analgésicos com venda liberada acabaram recorrendo à clandestinidade quando não conseguiam mais obter receitas mé-

---

* Os Sackler se juntaram a uma tradição de famílias norte-americanas ilustres cujas fortunas vieram da venda de ópio e seus derivados, incluindo John Jacob Astor e os Cabot, Perkins e Cushing de Boston, todos muito mais conhecidos por sua filantropia e patrocínios. (N. do A.)

dicas para opioides; quatro em cada cinco novos usuários de heroína usaram analgésicos prescritos primeiro.

Ao mesmo tempo que a guerra contra as drogas ilícitas estava a todo vapor, supostamente para erradicar um problema de saúde pública real, mas bastante modesto, um opioide legal aprovado pela FDA estava sendo empurrado para as pessoas, criando o que se tornou uma legítima crise de saúde pública. Lido sob esta luz, as maquinações da guerra que pairam sobre meu jardim e minha história parecem quase cômicas, de um jeito meio Keystone Kops*. *Eles foram por ali!*

Um dos mais importantes remédios na farmacopeia, a papoula é cultivada há mais de cinco mil anos. Na maior parte desse tempo fomos capazes de reconhecer a natureza dúbia da flor e das poderosas moléculas que ela nos oferece: ao mesmo tempo uma bênção para aqueles que sofrem com a dor ou diante da morte e um grande perigo para aqueles que abusam dela. Para gregos e romanos, a flor de papoula simbolizava a doçura do sono e a perspectiva da morte. É evidente que não somos tão bons quanto eles em concatenar ideias contraditórias. Quem hoje em dia tem algo de bom a dizer a respeito dos opioides ou do ópio? A palavra "bênção" não vem à mente, exceto, talvez, no leito de morte. Mas o que é verdade para a papoula é verdade para todos os remédios que as plantas nos deram: são ao mesmo tempo aliados e venenos, o que significa que depende de nós estabelecer uma relação saudável com eles.

---

* Os Keystone Cops (Guardas Keystone) são personagens de uma série de comédias pastelão do cinema mudo. Tratava-se de um grupo de policiais incompetentes, sempre vistos em tresloucadas perseguições motorizadas ou a pé pelas ruas da cidade. (N. do E.)

Quanto à própria flor da papoula, talvez em breve ela deixe de existir em nossa antiga relação com os opioides, à medida que versões sintéticas mais fortes e mais baratas dos alcaloides da flor passam a dominar os mercados de analgésicos — tanto os legais quanto os ilegais. Algo será perdido quando isso acontecer. Uma das hipóteses do meu experimento no jardim era a de que poderia haver algum valor em conhecer a papoula e seu poder em todos os seus aspectos, antes que seu papel em nossas vidas, outrora tão importante, seja reduzido a um ornamento.

ÓPIO, FACILITADO

A última estação foi estranha no meu jardim, notável *não* só pelo clima excepcionalmente frio e úmido — tema da conversa de todos os jardineiros na Nova Inglaterra —, mas também pelo clima de paranoia. A causa era uma flor chamada papoula: alta, de tirar o fôlego, com pétalas vermelhas sedosas e um coração escuro, cujo cultivo, descobri tarde demais, é considerado crime pelas leis estaduais e federais. Mas, na verdade, não é tão simples assim. Minhas papoulas eram, ou se tornaram, criminosas; as de outro jardineiro poderiam ser ou não. A legalidade de cultivar papoulas (cujas sementes são vendidas sob muitos nomes, incluindo a papoula-dormideira — *Papaver paeoniflorum* e, mais significativamente, *Papaver somniferum*) é um assunto confuso, suscitando dúvidas a respeito de nomenclatura e epistemologia que levei a maior parte do verão para responder. Mas, antes que eu tente explicar, permitam-me um alerta amigável a qualquer um que possa querer seguir em frente com esse espetacular cultivo anual: do ponto de vista jurídico, ainda que não da perspectiva da jardinagem, quanto menos você souber, melhor. Porque a ilicitude ou não das papoulas em seu jardim não depende do que você faz, ou pretende fazer, com elas, mas do quanto você *sabe* a respeito delas. Por isso meu alerta: se você tem alguma vontade de cultivar essa flor, é melhor parar de ler agora.

Quanto a mim, lamento dizer que, ao menos aos olhos da lei, já sou um caso perdido, uma vez que provei do fruto proibido do conhecimento da papoula. De fato, quanto mais aprendi, mais culpadas minhas papoulas se tornaram — e mais temorosos meus dias, e em alguma extensão também minhas noites. Até um dia no último outono, em que enfim arranquei seus caules secos e, com uma tremenda sensação de alívio, joguei-os na composteira, deste modo (espero) voltando a pertencer ao grupo de jardineiros que não se preocupam com visitas da polícia.

Tudo começou de forma suficientemente legal, ainda que não inocente. Ou ao menos era o que eu pensava em fevereiro, quando acrescentei algumas variedades de papoula (*P. somniferum*, *P. paeoniflorum* e *P. rhoeas*) a meu pedido anual de flores, legumes e verduras dos catálogos de sementes. Mas o conhecimento popular (e mesmo o especializado) sobre papoulas é confuso, para dizer o mínimo; a desinformação é abundante. Li na revista *Martha Stewart Living* que "ao contrário da crença geral, não há lei federal que proíba o cultivo de *P. somniferum*". Antes de plantar, consultei o periódico *Taylor's Guide to Annuals*, uma referência em geral confiável que cita o fato de que "a seiva da vagem verde contém 'ópio, cuja produção é ilegal nos Estados Unidos'". Mas o *Taylor's* não disse nada preocupante sobre as plantas em si. Concluí que, se as sementes podiam ser vendidas legalmente (e encontrei *P. somniferum* ofertada em meia dúzia de catálogos bastante conhecidos, apesar de nem sempre vendida sob este nome), como seria possível que o *próximo passo óbvio* — ou seja, plantar as sementes de acordo com as instruções da embalagem — fosse crime federal? Porque, nesse caso, era de se esperar que houvesse no mínimo um aviso nos catálogos.

Bem, parecia que eu poderia permanecer ao lado da lei enquanto não tentasse extrair ópio das minhas papoulas. Embora tenha que confessar que lutei contra essa tentação durante todo o verão. É que fiquei curioso para descobrir se era de fato possível, como li há pouco, para um jardineiro de habilidades medianas obter um narcótico a partir de uma planta cultivada neste país com sementes obtidas legalmente. Para outros jardineiros a ideia não parecerá estranha, já que nós, jardineiros, somos assim: ávidos por tentar o improvável, para ver se conseguimos cultivar alcachofras na Zona 5 ou fazer chá de equinácea das raízes da flor-de-cone roxa. No fundo, suspeito que muitos jardineiros se veem como alquimistas amadores, transformando a escória do composto (e água e luz do sol) em substâncias de raro valor, beleza e poder. Além disso, uma das maiores satisfações de um jardineiro é a independência que a prática pode oferecer — do verdureiro, do florista, do farmacêutico e, para alguns, do traficante. Ninguém precisa voltar "para o meio do mato" para experimentar a satisfação de prover a si mesmo *à margem* da grade da economia nacional. Então, sim, eu estava curioso para saber se podia fazer ópio em casa, sobretudo se pudesse fazê-lo sem recorrer a nenhuma aquisição ilegal. Para mim isso parecia representar um tipo de alquimia particularmente impressionante.

O problema é que eu não tinha certeza se estava pronto para ir tão longe. Afinal, era ópio! Não tenho mais 18 anos, nem estou em posição de me expor a riscos sérios. Na verdade, tenho 42 anos, sou um homem de família (como dizem), proprietário do meu imóvel e meus dias de consumir drogas ficaram no passado.* Não que às vezes não sejam lembrados com carinho, apesar do discurso predominante sobre o tema. Só que hoje tenho um filho, uma hipoteca e um plano de previdência privada. Simplesmente não há espaço no meu estilo de vida adulto de classe média para ser preso por um crime federal, muito menos para ter a casa e a propriedade da família confiscadas, o que costuma fazer parte do pacote de tal penalidade. Uma coisa, raciocinei, era cultivar papoulas; outra bem diferente era fabricar narcóticos a partir delas. Concluí que sabia onde o limite entre essas duas atividades estava e me sentia confiante de que jamais o ultrapassaria.

Mas nestes dias da guerra contra as drogas nos Estados Unidos, no fim das contas, a fronteira entre o país ensolarado onde se respeita as leis — meu país! — e o reino sombrio de equipes da SWAT, sentenças mínimas obrigatórias, confisco de bens e vidas arruinadas pode não ficar onde pensamos. É possível cruzá-la sem perceber. À medida que eu mergulhava na horticultura e na jurisprudência da papoula no verão passado, conheci um homem, um contemporâneo e colega jornalista, que teve a vida destruída depois de cruzar esta mesma fronteira. No caso dele, no entanto, há razões para acreditar que foi a fronteira que se moveu; ele foi preso acusado de posse das mesmas flores que milhares e incontáveis norte-americanos estão cultivando neste exato momento em seus jardins e mantendo em vasos na sala de estar. O que parece tê-lo diferenciado foi o fato de ter publicado um livro sobre esta flor no

---

* Leitores de meu último livro, *Como mudar sua mente*, assim como do próximo capítulo sobre mescalina, talvez rirão dessa afirmação. (N. do A.)

qual descrevia um método simples para converter sua vagem em narcótico — conhecimento que o governo mostrou estar disposto a fazer todo o possível para silenciar. Em que pé isto me deixa, e deixa este texto, é o assunto deste artigo.

1.

Antes de relembrar minhas aventuras entre as papoulas, e meus encontros com a polícia da papoula, preciso contar um pouco sobre esse conhecido, já que foi ele a inspiração para as minhas experiências com o cultivo e também a razão direta da minha primeira onda de paranoia. Seu nome é Jim Hogshire. A primeira vez que ouvi falar nele foi há alguns anos, quando esta revista publicou um trecho de *Pills-a-go-go*, o mais espirituoso e informativo dentre inúmeros "zines" que surgiram no início dos anos 1990, quando a editoração eletrônica tornou possível que as pessoas publicassem por conta própria até o mais segmentado dos periódicos. O interesse especial de Hogshire — sua paixão, na realidade — era o mundo de fármacos: a química, as regulamentações e os efeitos de drogas lícitas e ilícitas. Publicado em papel multicolorido sempre que Hogshire conseguia adquiri-lo, o *Pills-a-go-go* veiculava notícias de bastidores sobre a indústria farmacêutica junto com relatos em primeira pessoa dos experimentos que Hogshire fazia em si mesmo — "hacking de pílulas", como ele chamava. O fanzine tinha forte tendência libertária, dado a atacar a FDA, a DEA e a American Medical Association (AMA) com veemência sempre que estas instituições ficavam entre os norte-

-americanos e suas pílulas — pílulas essas que Hogshire via com uma reverência advinda de seus espantosos poderes de curar e de alterar o curso da história humana e, não por acaso, o estado de consciência.

Os relatos de Hogshire sobre suas experiências com drogas eram uma leitura divertida. Lembro em especial de sua descrição, reimpressa nesta revista, dos efeitos de uma overdose deliberada de bromidrato de dextrometorfano, ou DM, um ingrediente comum dos xaropes para tosse e remédios de uso noturno para resfriados, vendidos sem receita. Depois de beber 240 mililitros de Robitussin DM, Hogshire relatou ter acordado às 4h e decidido que deveria se barbear e ir até a Kinko's para pegar umas fotocópias que tinha encomendado.

Isso pode parecer normal, mas o fato era que eu estava com um cérebro reptiliano. Todo o meu modo de pensar e minhas percepções tinham mudado...

Entrei no banho e me barbeei. Enquanto realizava a tarefa "pensei" que, até onde eu sabia, estava cortando meu rosto em pedaços. Como não vi sangue nem senti dor, não me preocupei. Se eu tivesse olhado para baixo e visto que tinha surgido um membro novo em mim, não teria me surpreendido; simplesmente o usaria...

O mundo se tornou um lugar binário de luz e escuridão, ligado e desligado, seguro e perigoso... Sentei à mesa e tentei escrever como era a sensação para que pudesse ler depois. Escrevi a palavra "Cro-Magnon". Eu estava bastante consciente de que tinha emburrecido... Por sorte tinha pouca gente na Kinko's e uma delas era uma amiga. Ela confirmou que minhas pupilas estavam de tamanhos diferentes. Uma estava fora de controle...

Eu sabia que não existia meio de saber se eu estava aderindo corretamente às normas sociais. Eu sequer sabia como modular a voz. Estava falando alto demais? Parecia uma pessoa comum? Eu entendia que estava envolvido em uma grande engenhoca chamada civilização e que certas coisas eram esperadas de mim, mas não conseguia compreender que diachos essas coisas poderiam ser...

Achei que ser um réptil era bastante agradável. Estava contente em apenas ficar sentado e monitorar meu entorno. Estava alerta, mas não ansioso. De vez em quando eu fazia uma "checagem de rotina" para garantir que não estava me masturbando ou estrangulando alguém, graças à minha vaga noção de que se esperava mais de mim do que apenas ser um réptil...

Meu interesse no jornalismo sobre drogas de Hogshire era moderado e estritamente literário; como mencionei, meus experimentos com drogas tinham ficado para trás e, para começo de conversa, nunca tinham sido muito ambiciosos. Sempre tive medo demais de experimentar alucinógenos e minha única experiência com opioides viera acompanhada de um procedimento odontológico desagradável. Cultivei marijuana uma vez no início dos anos 1980, quando fazer isso não era um problema, do ponto de vista jurídico. Mas as coisas são diferentes agora: cultivar meia dúzia de mudas de marijuana hoje poderia me custar minha liberdade e minha casa.

Podemos não ouvir tanto sobre a guerra contra as drogas hoje quanto ouvíamos na época de Nancy Reagan, William Bennett e da "Apenas diga não"*. Mas, na verdade, essa guerra continua inabalável; é possível que o governo Clinton a esteja promovendo com intensidade ainda maior do que seus predecessores, tendo gastado um recorde de 15 bilhões de dólares no ano passado e acrescentando penas de morte federais para os chamados reis do tráfico, uma categoria definida para incluir grandes produtores de marijuana. A cada outono, helicópteros da polícia equipados com sensores infravermelhos percorrem rotas de voo regulares sobre os campos de cultivo no meu pedaço da Nova Inglaterra; outro dia, avistaram trinta pés de marijuana escondidos num milharal pouco depois da minha casa, a menos de noventa metros do meu jardim andando em linha reta. Os helicópteros podem muito bem ter espiado o meu jardim no caminho; a Suprema Corte decidiu recentemente que tais voos não configuram busca ilegal de propriedades, parte de uma sequência de decisões que reforçaram a força do governo na luta contra as drogas.

Voos de reconhecimento e outras medidas semelhantes sem dúvida se mostraram eficientes para me deter. E, de qualquer forma, nas poucas vezes que tive acesso a marijuana nos últimos anos, meu maior problema foi encontrar tempo para fumá-la. De todo modo, o uso de drogas recreativas é uma atividade de lazer e a oferta de lazer é infelizmente escassa

---

* Campanha publicitária promovida durante os anos 1980-1990 como parte da "Guerra às drogas" nos Estados Unidos, cujo objetivo era desencorajar o envolvimento das crianças no uso recreativo ilegal de drogas, ensinando várias maneiras de dizer não. (N. do E.)

neste momento da minha vida. Uma boa parte do meu prazer em ler as aventuras com drogas de Hogshire provinha da nostalgia de um tempo em que eu podia reservar algumas horas, até mesmo um dia inteiro, para ver como é a sensação de ter um cérebro reptiliano.

Hoje em dia, meu tempo para lazer em geral é gasto no jardim, uma paixão que nos últimos anos se transformou em interesse profissional — sou, entre outras coisas, um escritor de jardim. Menciono isso para ajudar a explicar meu grande interesse no projeto seguinte de Jim Hogshire: um tratado pouco convencional sobre cultivo chamado *Opium for the Masses* [Ópio para as massas], publicado em 1994 por uma editora de Port Townsend, Washington, chamada Loompanics Unlimited. A premissa surpreendente do livro é a de que qualquer um pode obter opioides de forma barata e segura e talvez até legalmente — ou ao menos longe do radar das autoridades, que, se Hogshire estivesse falando a verdade, estavam ignorando algo bastante significativo em sua busca na guerra contra as drogas. De acordo com o livro, é possível cultivar ópio a partir de sementes obtidas legalmente (ele fornecia instruções detalhadas de horticultura) ou, para facilitar ainda mais as coisas, obtê-lo de vagens de papoula, que são um dos tipos mais populares de flores secas vendidas em floriculturas e lojas de artesanato. Cultivadas ou compradas, frescas ou secas, essas vagens contêm quantidades significativas de morfina, codeína e tebaína, os principais alcaloides encontrados no ópio.

A alegação de Hogshire confrontava tudo que eu tinha ouvido sobre ópio — que o tipo "certo" de papoulas crescia apenas em lugares distantes como o Triângulo Dourado no Sudeste Asiático; que a colheita do ópio exigia equipes treinadas de camponeses, armados com lâminas especiais; e que a extração de opioides era um processo meticuloso e complicado. Hogshire fazia parecer brincadeira de criança.

Além dos conselhos de horticultura, *Opium for the Masses* oferecia receitas simples para fazer "chá de papoula" a partir de mudas compradas ou cultivadas em casa, e Hogshire relatou que uma xícara dessa infusão (que, ao que parece, em muitas culturas é um remédio caseiro tradicional) aliviava a dor e a ansiedade e "produzia uma sensação de bem-estar e relaxamento". Doses maiores de chá produziriam euforia e um "sono acordado", povoado por sonhos absurdamente vívidos. Hogshire alertava que, como todo opioide, o chá era viciante se tomado muitos dias seguidos; fora isso, o único efeito colateral notável era constipação.

Quanto às implicações jurídicas, Hogshire era encorajadoramente vago: "O ópio, o sumo da papoula, é uma substância controlada, mas não está evidente até que ponto isso vale para a planta em si." Eis como descobri que uma pessoa poderia chegar com segurança ao limite entre o cultivo de papoulas, algo rotineiro no mundo da jardinagem, e a posse ilegal de ópio: se o ópio é a seiva extraída da vagem verde, então as cabeças secas usadas para fazer chá, por definição, não denotariam o envolvimento do agricultor com ópio. Hogshire não foi tão longe assim, mas escreveu que "não está explícito se é ilegal fazer chá de papoulas que você comprou legalmente em uma loja". Como logo ficou evidente, todos esses pontos agora estão explícitos para Jim Hogshire.

No último inverno o divertido livrinho de Hogshire se juntou às obras de Penelope Hobhouse (*On Gardening* [Sobre a jardinagem]), Gertrude Jekyll (*Gardener's Testament* [Testamento do jardineiro]) e Louise Beebe Wilder (*Color in My Garden* [Cor no meu jardim]) na minha mesa de cabeceira. Durante o inverno o jardineiro lê, sonha e desenha esquemas para os canteiros que plantará na primavera, e, quanto mais eu lia sobre o que os antigos sumérios chamavam de "a flor da alegria", mais intrigante se tornava a perspectiva de cultivar papoulas em meu jardim, tanto estética quanto farmacologicamente. De Hogshire segui para escritores jardineiros mais conhecidos, muitos dos quais escreveram com extravagância sobre papoulas — sobre sua beleza externa efêmera (pois suas flores se abrem por apenas um dia ou dois) e seu sombrio segredo interior.

"Por muitos séculos, as papoulas encantaram jardineiros e artistas", dizia o típico parágrafo inicial de um escritor jardineiro; isso era, via de regra, logo seguido pela frase "conotações sombrias da papoula". Mas em nenhuma das minhas leituras encontrei uma declaração precisa de que plantar *Papaver somniferum* tornaria o jardineiro um fora da lei. "Quando cultivada num jardim", declarou, de forma meio ambígua, certa autoridade em cultivos anuais, "a *P. somniferum* é um caso de *honi soit qui mal y pense* [vergonha de quem pensa mal]". Em geral, esses escritores tendiam a ignorar ou encobrir a questão jurídica e se concentrar na beleza da *somniferum*, que todos concordavam ser extraordinária.

Lendo sobre papoulas naquele inverno, me perguntei se seria possível separar a beleza física da flor do conhecimento sobre suas propriedades narcóticas. Eu tinha a sensação de que até mesmo as escritoras de jardinagem, que (presume-se), jamais pensariam em provar ópio, foram inconscientemente influenciadas por seu potencial de alteração do humor; Louise Beebe Wilder nos conta que as papoulas fizeram seu "coração vibrar com seu capricho". Apenas contemplar uma papoula deixava o observador perdido em sonhos, a julgar pelas muitas pintoras impressionistas da flor nos Estados Unidos; ou pela experiência de Dorothy e companhia, que, como bem lembramos, tiveram sua jornada por Oz interrompida ao passar por um campo de papoulas vermelhas. Se em algum momento houve algum ângulo inocente a partir do qual observar a papoula, nossa cultura parece há muito ter esquecido onde ele fica.

A essa altura eu também estava caindo no feitiço. Desenterrei minha edição universitária de *Confissões de um comedor de ópio*, de Thomas De Quincey, e reli as descrições de Coleridge sobre seus sonhos opioides ("... o quão divino é este repouso, que lugar de encanto, um ponto verde de fontes e flores e árvores no coração de um deserto de areias"). Li sobre as Guerras do Ópio, relatos de que a Inglaterra não tinha qualquer propósito mais nobre com o conflito do que manter os portos da China abertos aos navios de ópio vindos da Índia, cuja economia colonial dependia das exportações da substância. Li sobre a farmacologia do século XIX, em cujo arsenal o ópio — em geral na forma de uma tintura chamada láudano — era a arma mais importante. Em parte, isso se devia ao fato de que, na época, o principal objetivo do cuidado médico era menos curar a doença do que aliviar a dor, e não havia (nem há) analgésico melhor do que o ópio e seus derivados. Mas as preparações a partir dele também eram usadas para tratar ou prevenir uma grande variedade de doenças, incluindo disenteria, malária, tuberculose, tosse, insônia, ansiedade e até mesmo cólica em bebês. (Como o ópio é extremamente amargo, as lactantes induziam os bebês a ingeri-lo espalhando o remédio nos mamilos.) O ópio era visto como "o remédio de Deus em pessoa", e medicamentos à base de opioides eram tão comuns na caixinha de remédios vitoriana quanto a aspirina é na nossa.

Será que alguma outra flor teve impacto semelhante na história e na literatura? No século XIX, a papoula desempenhou um papel tão crucial no curso dos acontecimentos quanto o petróleo no século XX: o ópio era a base de economias nacionais, a base da medicina, um item essencial de comércio, um estímulo à revolução romântica na poesia, até mesmo um *casus belli**.

Contudo, tive que abordar dezenas de amigos até encontrar um que de fato tivesse experimentado a substância; pelo visto o ópio para fumar é impossível de se obter hoje, sem dúvida porque contrabandear heroína é muito mais fácil e mais lucrativo. (Uma consequência involuntária da guerra contra as drogas tem sido o aumento da potência de todas as drogas ilícitas: a marijuana caseira deu lugar a novas cepas mais poderosas de *sinsemilla*; e a cocaína em pó cedeu espaço para o crack.) O amigo que havia fumado ópio uma vez sorriu me-

---

* Expressão latina da terminologia bélica. Designa um fato considerado grave o suficiente pelo Estado ofendido para que este declare guerra ao Estado supostamente ofensor. (N. do E.)

lancolicamente ao se lembrar daquela tarde de outrora: "Os sonhos! Os sonhos!" foi tudo que ele disse. Quando o pressionei a fazer um relato mais detalhado, ele me indicou Robert Bulwer-Lytton, o poeta vitoriano, que comparou o efeito com ter a alma esfregada com seda.

Não havia dúvidas de que eu tentaria cultivá-la, nem que só por curiosidade histórica. Ok, não só por isso, mas por isso também. De novo, é preciso entender a mentalidade do jardineiro. Uma vez cultivei melões Jenny Lind, uma variedade popular no século XIX batizada em homenagem à maior soprano da época, só para ver se eu conseguia, mas também para ter uma ideia do que a palavra "melão" poderia ter conjurado na mente de Walt Whitman ou Chester Arthur. Plantei uma macieira da variedade *heirloom*, a "Esopus Spitzenberg", só porque Thomas Jefferson a havia plantado em Monticello, declarando se tratar da "melhor maçã comestível do mundo". A jardinagem é, entre outras coisas, um exercício de imaginação histórica, e eu estava ansioso para encarar o coração escuro da papoula com meus próprios olhos.

Comecei a estudar as seções de flores dos catálogos de sementes, que em fevereiro já eram uma pilha de 30 centímetros na minha mesa. Encontrei papoulas "breadseed" (cujas sementes são usadas na culinária) à venda no Seeds Blüm, um catálogo de plantas raras do Idaho, e variedades duplas (que são flores com múltiplas pétalas) descritas como *Papaver paeniflorum* no catálogo dos vendedores britânicos Thompson & Morgan. A Burpee oferece uma "breadseed" chamada *peony flowered*, cujas flores parecem "pompons grandes". No Park's, um grande catálogo distribuidor de sementes da Carolina do

Sul (cujas capas costumam apresentar crianças norte-americanas angélicas posando em um mar de flores e legumes), encontrei uma papoula branca dupla chamada "White Cloud" e identificada como *Papaver somniferum paeoniflorum*. Eu não sabia disso na época, mas todas eram variedades da *Papaver somniferum*.

No catálogo Cook, do qual normalmente encomendo minhas sementes de verduras e legumes exóticos, encontrei *paeoniflorum* e *rhoes*, assim como duas variedades da *somniferum*: a "Single Danish Flag", uma papoula alta que, a julgar pela imagem do catálogo, se parece muito com as clássicas papoulas vermelhas sobre as quais li e vi em pinturas impressionistas; e a "Hens and Chicks", a respeito da qual o catálogo era muito entusiástico: "Suas grandes flores lavanda são um maravilhoso prelúdio das vagens, marcantes em um arranjo seco. Uma grande vagem central (a galinha [*hen*]) é cercada por dezenas de minúsculas vagens (os pintinhos [*chicks*])". De forma mais objetiva, Hogshire disse em *Opium for the Masses* que a "Hens and Chicks" pode se mostrar especialmente potente.

Eu vinha refletindo sobre a seguinte questão: era notório que as variedades ornamentais à venda nos catálogos haviam sido criadas por seu visual ou, no caso das "breadseed", por suas qualidades culinárias. Como os criadores se concentravam nessas características em detrimento de outras, parecia provável que a quantidade de morfina e codeína dessas papoulas tivesse sido reduzida a nada. Quais seriam, então, as melhores variedades para extração de opioides?

Eu não podia fazer essa pergunta para minhas fontes costumeiras no mundo do cultivo — para Dora Galitzki, a horticulturista que responde a dúvidas no atendimento ao público do Jardim Botânico de Nova York; ou para Shepherd Ogden, o experiente e atencioso proprietário do Cook. Sendo assim, acionei um amigo em comum para tentar entrar em contato com Jim Hogshire. Mandei um e-mail para ele explicando o que eu pretendia fazer e pedindo recomendações sobre as melhores variedades, bem como conselhos sobre o cultivo. Como eu teria feito com qualquer colega entusiasta floricultor, perguntei se ele tinha qualquer semente que estaria disposto a compartilhar comigo e contei sobre as variedades que tinha encontrado nos catálogos. "Como posso ter certeza de que essas sementes, criadas e selecionadas por suas qualidades ornamentais, irão 'funcionar'?"

Como acabei descobrindo, eu tinha escolhido um mau momento para perguntar. Certa manhã alguns dias depois da minha mensagem, e antes de ter qualquer resposta, recebi uma ligação do tal amigo em comum dizendo que Hogshire tinha sido preso em Seattle e que estava detido na cadeia municipal, acusado de tráfico de drogas. Ao que parece, no dia 6 de março uma equipe da SWAT do Departamento de Polícia de Seattle invadiu o apartamento dele, munida de um mandado de busca e apreensão e alegando que ele estava mantendo um "laboratório de drogas". Hogshire e a esposa, Heidi, foram mantidos algemados enquanto a polícia realizou uma operação de busca que durou seis horas e resultou em um frasco com comprimidos de medicação controlada, algumas armas de fogo e vários ramos de papoulas secas enrolados em papel celofane. Estava evidente que as papoulas tinham vindo de um florista, mas, mesmo assim, Hogshire foi acusado por "posse de papoula com a intenção de fabricar e distribuir ópio". As armas eram legais, mas uma foi citada na denúncia como um "aprimoramento": outro produto da guerra contra as drogas era o fato de que, em algumas acusações relacionadas a narcóticos, as punições aumentavam bastante quando o crime "envolvia" uma arma de fogo, mesmo quando a arma era legal ou registrada. Nem Jim nem Heidi Hogshire já haviam sido presos. Jim estava detido sob uma fiança de 10 mil dólares e Heidi, de 2 mil. Se condenado, ele poderia ficar dez anos na prisão; já ela poderia ser condenada a dois anos posto que sua acusação era menos grave.

Perdoem o surto de egocentrismo, mas eu só conseguia pensar no meu e-mail, enterrado em algum lugar do HD do computador de Hogshire, que sem dúvida já estava nas mãos da polícia forense. Ou, quem sabe, a mensagem pudesse ter sido de alguma forma interceptada pela DEA, por uma escuta telefônica ou pela vigilância da caixa de entrada. Eu não conseguia acreditar na minha estupidez! De repente achei que já podia sentir o puxão de uma força do submundo, como se de alguma forma eu estivesse envolvido em algo, apesar de não saber dizer no quê. Minha certeza de estar do lado certo da lei tinha sido abalada. Eles tinham meu nome.

Mas isso era loucura, um pensamento paranoico, não? Afinal, eu não tinha feito nada além de encomendar algumas sementes de flores e escrever um e-mail levemente sugestivo. Quanto a Hogshire, com certeza deveria haver mais em sua prisão do que um punhado de papoulas secas; não fazia sentido. Perguntei a nosso amigo em comum se ele estaria em contato com Hogshire em breve, porque eu mesmo estava ansioso para falar com ele, para saber mais sobre seu caso peculiar.

"Ah", acrescentei, com o máximo de casualidade possível, "e será que você poderia perguntar se ele recebeu um e-mail meu?"

2.

Minhas sementes de papoula chegaram algumas semanas depois. Meu plano era plantá-las, ver se conseguiria obter flores e vagens e só então decidir se iria além. Fiquei assustado com a prisão de Hogshire, ainda mais assustado ao saber por nosso amigo que, na verdade, ele jamais recebera meu e-mail. Um e-mail não entregue é algo muito incomum até onde sei. Mas restavam poucos motivos para duvidar que o cultivo de papoulas para fins ornamentais fosse permitido, e então, numa tarde de um calor pouco usual na primeira semana de abril, coloquei minhas sementes na terra — dois pacotes de grãos cheios de manchas azul-acinzentadas. As sementes pareciam exatamente o que eram: sementes de papoula, as mesmas que se encontra num pão vianinha ou num bagel. (Na verdade, é possível germinar sementes de papoula compradas no corredor de temperos do supermercado. Além disso, ingeri-las antes de fazer um exame toxicológico pode gerar um resultado positivo.)

Eu tinha preparado uma pequena parte de meu jardim, uma área onde o solo é bem argiloso e, mais importante, onde várias macieiras antigas bloqueiam a visão a partir da estrada.

ÓPIO   51

A *Papaver somniferum* é uma planta sazonal resistente que cresce melhor em condições frias, por isso não é necessário esperar pela última data de geada para semear; li que no Sul os jardineiros semeiam suas papoulas no final do outono e as cultivam durante o inverno. Semear é uma simples questão de espalhar, ou jogar, as sementes na superfície do solo cultivado e umedecê-las; como as sementes são muito pequenas, não há necessidade de cobri-las, mas é uma boa ideia misturá-las com um pouco de areia de forma a espalhá-las da forma mais uniforme possível pela área de plantação.

Em dez dias, meu solo tinha germinado uma grama macia de finas lâminas verdes de um centímetro e meio de altura. Logo depois veio o primeiro conjunto de folhas verdadeiras, que são suculentas e espinhosas, não muito diferentes daquelas na alface-crespa. A cor é de um verde pálido, azulado, e a folhagem tem um aspecto meio empoeirado, glauco, que é o termo botânico para isso.

As papoulas aparecem em aglomerados grossos que nitidamente carecem desbaste. O problema era quanto e quando. O livro de Hogshire era vago nesse ponto, sugerindo um espaçamento de algo entre quinze centímetros e dois metros e meio entre as plantas. Meus livros "ortodoxos" de jardinagem recomendavam quinze a vinte centímetros, mas percebi que o conselho presumia que o principal interesse do jardineiro eram as flores. Eu, óbvio, estava menos interessado em floricultura do que em, bem, grandes vagens suculentas. Acabei ligando para uma das empresas que vendia sementes de papoula e delicadamente perguntei sobre o melhor espaçamento, "teoricamente supondo que o resultado desejado fosse maximizar o tamanho e a qualidade das vagens". Não acho que provoquei suspeitas em quem me atendeu, que recomendou um mínimo de vinte centímetros entre as plantas.

Por volta da época em que desbastei minhas papoulas pela primeira vez, em maio, um amigo que sabia da minha nova paixão me enviou um recorte de jornal que me fez parar brevemente. Era uma coluna de jardinagem de C. Z. Guest no *New York Post* intitulada "DIGA NÃO ÀS PAPOULAS". Guest escreveu que, embora fosse legalmente permitido portar e vender suas sementes, "as plantas vivas (ou mesmo as secas, mortas) estão na mesma categoria jurídica que a cocaína e a heroína". Era algo que parecia muito difícil de acreditar, e o fato de a fonte ser uma *socialite* escrevendo para um tabloide não muito confiável me deixou inclinado a desconsiderá-la.

Mas acho que o artigo havia minado um pouco minha confiança, porque decidi que não faria mal me certificar de que Guest estava errada. Liguei para o batalhão da polícia estadual na cidade. Sem fornecer meu nome, disse ao policial que atendeu que era um jardineiro na cidade e queria conferir se era permitido plantar papoulas no meu jardim.

— Papoulas? Sem problemas. Elas foram declaradas flores.

Disse a ele que as que plantei eram chamadas de *somniferum* e que um vizinho me disse que isso significava que eram papoulas de ópio.

— De que cor elas são? São laranja?

A cor não parecia particularmente relevante; eu tinha lido que as papoulas de ópio podiam ser brancas, roxas, vermelhas, lavanda e pretas, assim como laranja-avermelhadas. Disse a ele que as minhas eram vermelhas e lavanda.

— Essas não são ilegais. Tem das laranja no meu jardim. Sessenta centímetros de altura, já estavam plantadas quando me mudei para lá. Basta entender que todas as papoulas contêm algum ópio. Só tem problema se você começar a produzir ópio.

— Tipo se eu abrir uma fenda no bulbo, por exemplo?

— Não, você pode abrir para ver dentro dele se quiser. É só se você fizer isso com a intenção de vender ou ter lucro.

— Mas e se a pessoa tiver muitas plantas?

— Digamos que você tenha plantado um hectare inteiro, só para efeito cenográfico. Problema algum. É só você não começar a produzir.

Fiquei feliz em ouvir um agente da polícia estadual dizer que aquilo era ok, mas a semente da dúvida tinha sido plantada na minha mente. Não sei se foi C. Z. Guest ou o e-mail extraviado — aquela pergunta idiota, incriminadora e não criptografada vagando pelo ciberespaço —, mas passei a ficar nervoso com minhas papoulas. Era um caso leve, com certeza — exceto por uma noite angustiante em maio, quando fui pego nas garras de um quase pesadelo. No meu sonho eu acordava com o som das portas das viaturas batendo em frente à minha casa, seguido por passos na varanda. Pulei da cama e saí correndo pela porta dos fundos até o jardim para destruir as provas. Comecei a comer as papoulas, que no sonho estavam já secas, a ponto de quase serem poeira, na verdade, e a enfiar as vagens, os caules e as folhas na boca o mais rápido possível. A mastigação era horrível, digna de Sísifo, engolir era quase impossível; era como se eu estivesse tentando comer um deserto de plantas em uma corrida enlouquecida contra o tempo.

Meu primeiro impulso foi o de arrancar as papoulas imediatamente. O segundo foi rir: então aquele tinha sido meu primeiro sonho de ópio.

3.

Quando Jim Hogshire entrou na minha vida, em abril, minhas papoulas tinham quinze centímetros e estavam crescendo, cravadas num tapete denso e exuberante de folhas serrilhadas. Fiquei sabendo que Hogshire havia pagado a fiança, e nosso amigo em comum estava tentando me colocar em contato com ele; eu queria perguntar sobre o caso, sobre o qual eu pensava em escrever a respeito, mas também ainda esperava conseguir algumas dicas de horticultura. Eu não podia ligar para Hogshire porque ele tinha sido despejado do apartamento. Parece que Washington, como muitos estados, tem uma lei sob a qual inquilinos acusados por tráfico de drogas podiam ser sumariamente despejados; depois da prisão, alguém do escritório do xerife visitou a proprietária do imóvel, notificando-a dos "direitos" dela a esse respeito e a incitando a notificar os Hogshire do despejo. Na minha opinião, isso parecia violar o direito de Hogshire a uma ampla defesa — afinal, ele não tinha sido condenado por nada. Essa foi minha primeira apresentação àquilo que os advogados de direitos civis passaram a chamar de "a exceção das drogas à Carta de Direitos". Ao longo dos últimos anos, em casos envolvendo o tema, a Suprema Corte repetidamente manteve a nova leva de leis, penalidades e *táticas de polícia do governo*, ampliando assim o escopo do devido processo jurídico, e diminuindo as proteções há muito estabelecidas contra buscas ilegais, dupla penalidade e aprisionamento.

Hogshire começou a me ligar em horários pouco usuais do dia e da noite. Parecia um homem levado ao limite, nervoso e desconfiado; discussões sobre a nomenclatura da *Papaver* derivaram para vociferações sobre as indignidades que seus pássaros sofreram nas mãos da polícia. A voz ao telefone parecia muito distante do personagem educado e divertido que li em *Pills-a-go-go*. A prisão havia deixado Hogshire falido e sem teto, pulando de sofá em sofá na casa de amigos, à deriva em águas jurídicas desconhecidas — pois ninguém tinha sido processado antes por posse de papoulas secas compradas de um florista. Muito do que ele me contou parecia paranoico e insano, um pesadelo improvável que tinha a ver com uma "carta denúncia" enviada para a polícia por um hóspede descontente; um mandado de busca que alegava, entre outras coisas, que Hogshire estava produzindo narcóticos a partir de pseudoefedrina (!); e um policial que esfregou os escritos de Hogshire na cara dele e perguntou: "Depois do que publicou, você não esperava que isso acontecesse?" Ouvir o relato fantástico de Hogshire por telefone me deixou mais do que cético; no entanto, eu comprovei tudo que ele me dissera ao ler os autos do processo.

De acordo com os documentos protocolados pela promotoria, foi de fato a carta de um informante que levara à batida de 6 de março no apartamento de Hogshire; a mensagem, enviada à polícia de Seattle por um homem chamado Bob Black, foi citada no mandado de busca, junto com textos publicados por Hogshire, como "causa provável". Bob Black é o nome desse hóspede descontente, o vilão na história bizarra de Hogshire. Autor de *The Abolition of Work and Other Essays* [A abolição do trabalho e outros ensaios], também publicado pela Loompanics, Black se declara anarquista e Hogshire esteve com ele pela primeira vez quando Black chegou para passar a noite em sua casa no dia 10 de fevereiro. O dono da Loompanics, Mike Hoy, havia perguntado aos Hogshire se, como um favor pessoal, eles poderiam hospedar Black enquanto ele estava em Seattle a trabalho.

A noite acabou muito mal. Os relatos diferem nos detalhes, assim como sobre o catalisador químico envolvido, mas uma discussão sobre religião (Hogshire é muçulmano) de alguma forma se transformou numa briga na qual Black agarrou Heidi pelo pescoço e Jim ameaçou seu hóspede com um rifle M-1 carregado. Dez dias depois, Black escreveu para a unidade de narcóticos da polícia "para informar sobre um laboratório de drogas (...) no apartamento de Jim Hogshire e Heidi Faust Hogshire". A carta, digna da denúncia de um *sans-culotte*, merece ser citada na íntegra.

> Os Hogshire são viciados em ópio, que consomem na forma de chá e fumando. Em algumas horas no dia 10/11 vi Jim Hogshire beber vários litros de chá e sua esposa ingerir porções menores. Ele também tomou Dexedrina e Ritalina várias vezes. Eles têm uma bomba de vácuo e outra tecnologia de fabricação de medicamentos. Hogshire disse que estava tentando descobrir uma forma de fabricar heroína a partir de pseudoefedrina.
>
> Hogshire é autor do livro *Opium for the Masses*, que explica como cultivar e produzir ópio a partir de plan-

tas vivas ou de sementes obtidas de lojas de artigos de artesanato. A quantidade que ele consome é tamanha que deve estar cultivando em algum lugar. Incluo anexo uma cópia de trechos do livro. Ele também publica a revista *Pills-a-go-go* sob pseudônimo promovendo a compra fraudulenta e o uso recreativo de drogas controladas.

Se forem visitar os Hogshire, saibam que eles mantêm um rifle M-1 carregado encostado na parede perto do computador.

Sobretudo por causa dessa carta, a polícia convenceu um juiz a assinar um mandado de busca para que invadissem o apartamento dos Hogshire. Eram 18h45, e Jim Hogshire estava lendo um livro na sala de estar quando ouviu uma batida na porta; no instante em que a abriu, se viu contra a parede. Heidi, que naquele momento estava na mercearia, chegou em casa e encontrou o marido algemado e uma equipe da SWAT, em roupas ninja pretas, revistando o local. A equipe era tão grande — vinte policiais segundo a estimativa de Jim — que apenas alguns poucos cabiam no apartamento quarto e sala; o restante ficou enfileirado no corredor do prédio.

— Você publicou isso? — Jim se lembra de ouvir o policial questionar enquanto sacudia um exemplar de *Pills-a-go-go* em seu rosto. E então: — Onde está a plantação de papoulas?

Jim observou que estavam no inverno e retrucou:

— Por que eu cultivaria papoulas se elas estão à venda nas lojas?

— Você está mentindo.

Essa equipe da SWAT em particular era especializada em laboratórios de drogas, que deve ser o que esperavam encontrar no apartamento de Hogshire. No entanto, os agentes tiveram que se conformar com uma caixa de papelão fechada com dez maços de papoulas secas embrulhados em papel celofane, que se recusaram a acreditar terem sido comprados em uma loja. Os agentes também encontraram a bomba de vácuo que Black havia mencionado (eles não se importaram em confiscá-la), um frasco de comprimidos, dois rifles e três pistolas (todos comprados legalmente), um maçarico de térmite e vários exemplares de *Opium for the Masses*.

Os Hogshire passaram três dias angustiantes na cadeia até descobrirem quais acusações pesavam contra eles. Heidi era acusada de posse de uma substância controlada do Anexo II: papoulas de ópio. Jim foi acusado de "posse de papoulas com a intenção de fabricar ou distribuir ópio", um crime que, com o agravante das armas, previa uma sentença de dez anos.

Na audiência preliminar em abril, Jim teve sorte suficiente de ser apresentado a um juiz que olhou com ceticismo para as acusações descritas. A audiência teve momentos cômicos. Para embasar a afirmação do governo de que Hogshire tinha, sim, a intenção de distribuir drogas, o promotor, aparentemente desconhecendo a referência literária, citou o título do livro do acusado: "Ele não se chama *Ópio para mim*, se chama *Ópio para as massas*. Ou seja, é ópio para muita gente."

O juiz, um homem que evidentemente sabia uma coisinha ou outra sobre jardinagem, achou a linguagem dos autos do processo dúbia: o Estado havia acusado Hogshire não de fabricar ópio, mas de fabricar papoulas de ópio. "Como você fabrica uma papoula?", perguntou o juiz, e então respondeu à própria pergunta: "A única maneira é propagando-as." Por "propagar" o juiz queria dizer plantar e cultivar um campo de papoulas, mas, como ele apontou, o Estado não apresentou nenhuma prova de que Hogshire tinha feito isso. "Se vocês tivessem encontrado um campo de papoulas, então acho que daria para dizer que de algum modo o acusado estava propagando papoulas. Mais especificamente ao cortá-las e fazer a extração da substância." Mas sem provas de que Hogshire havia de fato cultivado papoulas, o juiz alegou que não havia base para a acusação de que ele as estava produzindo.

O promotor tentou recorrer ao citar fotos confiscadas na busca que mostravam Hogshire num jardim não identificado com papoulas cujas cabeças tinham sido cortadas; ele também alegou que "há papoulas do lado de fora do apartamento dele". (Pode haver um pouco de verdade nisso: de acordo com Hogshire, sua locatária tinha papoulas no jardim — embora no início de março, na época da batida, teria sido cedo demais para que tivessem florido.)

O juiz não se deixou persuadir: "Vocês podem me dizer se essas flores são dos gêneros e espécies relevantes? Minha mãe tem papoulas do lado de fora de casa." O promotor não conseguiu responder, então o juiz acatou o pedido da defesa de não acolher a única acusação contra Hogshire.

Seria de supor que esse teria sido o fim da provação de Jim. Mas o Estado não havia se dado por satisfeito, pois em junho, depois de retirar as acusações contra Heidi em troca de uma declaração dela afirmando que tudo que fora apreendido na busca pertencia ao marido, o promotor reapresentou as acusações — dessa vez só por posse de papoulas — e também com o acréscimo de um novo crime no indiciamento: posse de um "dispositivo explosivo", citando o maçarico de térmite encontrado na residência. Uma nova audiência para a apresentação das novas acusações foi marcada para 28 de junho. Como Hogshire não compareceu, um mandado de prisão foi emitido contra ele.

4.

Li os autos do processo com um sentimento crescente de pânico, pois a disputa no tribunal de Seattle não parecia, de forma alguma, desafiar o fato subjacente de que o cultivo ou posse de papoulas aparentemente era motivo para processo. Liguei para o advogado de Hogshire, que confirmou isso e indicou o texto do Federal Controlled Substances Act [Lei Federal de Substâncias Controladas], de 1970.

A linguagem do estatuto era dolorosamente explícita. Não apenas o ópio, mas a "papoula e a palha de papoula" são definidas como substâncias controladas do Anexo II, junto com o pó de anjo e a cocaína. A papoula proibida é descrita como uma "planta da espécie *Papaver somniferum L.*, exceto suas sementes", e a palha de papoula era definida como "todas as partes, exceto as sementes, da papoula, depois de colhida". Em outras palavras, papoulas secas.

A Seção 841 da lei diz: "Será ilegal para qualquer pessoa consciente ou intencionalmente (...) fabricar, distribuir ou fornecer, ou possuir com a intenção de fabricar, distribuir ou fornecer" papoulas. A definição de "fabricar" incluía propagar — ou seja, cultivar. Três coisas me pareceram dignas de nota sobre a linguagem do estatuto. A primeira é que o texto se esforça para declarar que as sementes são, de fato, legais, presumivelmente por seu uso culinário legítimo. No entanto, parece haver aqui um paradoxo do ovo e da galinha, no qual as mudas ilegais de papoula produzem sementes legais de papoula a partir das quais se cultiva mudas ilegais de papoula.

A segunda coisa que me chamou a atenção sobre a linguagem do estatuto foi o fato de que, para que o cultivo de papoulas seja crime, isso deve acontecer com "conhecimento ou intenção". As papoulas costumam ser vendidas sob mais de um nome botânico, dos quais apenas um — *Papaver somniferum* — é mencionado na lei, então é possível um jardineiro cultivar papoulas sem saber disso. Dessa forma, portanto, parece existir a possibilidade da defesa do "jardineiro inocente". Não que isso fosse me ajudar de alguma forma: pelo menos uma das papoulas que plantei tinha sido evidentemente nomeada *Papaver somniferum*, um fato que eu — talvez tolamente — confessei saber nestas páginas. A terceira coisa que me marcou era a mais atordoante: a pena para cultivar a *Papaver somniferum* com conhecimento é um período de prisão de cinco a vinte anos e uma multa máxima de 1 milhão de dólares.

Então C. Z. Guest estava certa no fim das contas e Martha Stewart (e o policial estadual) errados: o cultivo de papoulas, independentemente do propósito, é de fato crime, não muito diferente aos olhos da lei do que fabricar pó de anjo ou crack. Não importa se fiz uma incisão nas vagens ou se colhi minhas papoulas: eu já havia cruzado a linha que pensei estar mantendo à distância — havia cruzado, na verdade, naquela tarde de abril quando plantei minhas sementes. (E, mais ainda, estava vulnerável à mesma acusação da qual Hogshire escapara: fabricação!) Eu estava, pelo menos na teoria, muito, muito encrencado.

Mas será? Pois alguém além de Jim Hogshire havia alguma vez sido preso por posse ou produção de papoulas? Uma busca no Nexis* não revelou nenhum caso; nem ligações para mais de uma dezena de advogados, promotores, militantes das liberdades civis e jornalistas que acompanham a guerra contra as drogas. Muitos sequer sabiam que cultivar papoulas era contra a lei; quando informados disso, quase todos tiveram a mesma reação hesitante: "Era de se imaginar que o governo tivesse coisas melhores para fazer, não é?" Eu sem dúvida esperava que fosse o caso, mas lá estava o estatuto ameaçador, nos livros.

Liguei para vários jardineiros experientes também, esperando deixar mais evidentes os riscos envolvidos no cultivo de papoulas. Um deles me contou uma história sobre um agente da DEA que estava de férias no Idaho quando avisou o xerife local de que estavam cultivando papoulas nos jardins da cidade; outro tinha ouvido dizer que a DEA recentemente havia determinado a remoção das papoulas que cresciam no palácio Monticello, de Thomas Jefferson. (Ambas as histórias pareciam apócrifas, mas eram verdadeiras.) Entrei em contato com

---

* A LexisNexis é uma empresa que fornece pesquisa jurídica assistida por computador (CALR), bem como serviços de pesquisa de negócios e gerenciamento de riscos. Durante a década de 1970, a LexisNexis foi pioneira na acessibilidade eletrônica de documentos jurídicos e jornalísticos. (N. do E.)

um programa de rádio que recebia ligações para tirar dúvidas dos ouvintes, para perguntar à especialista local se precisava me preocupar com as papoulas crescendo no meu jardim; "Não sou advogada", respondeu ela, "mas não seria uma pena se todos os jardineiros abrissem mão dessa flor esplêndida?"

Ninguém tinha ouvido nada sobre prisão, e a maioria dos jardineiros com quem falei pareceu despreocupada quando os informei do perigo teórico. Alguns tiveram receio em relação a mim, como se fosse paranoico da minha parte me preocupar. A moça que respondia dúvidas no Jardim Botânico de Nova York tentou me acalmar (de uma forma que achei um tanto condescendente), dizendo que, segundo o conhecimento dela, não existem "patrulhas da papoula por aí". Wayne Winterrowd, o especialista em plantas sazonais que escreveu "vergonha de quem pensa mal" de quem cultiva papoulas, comparou o crime a arrancar as etiquetas de travesseiros e colchões, outro crime federal que ninguém parecia ter tempo para combater. Rindo de minhas preocupações, ele se ofereceu para me mandar sementes de uma "deslumbrante" papoula preta que cultiva no jardim dele em Vermont. Também confirmou (assim como um botânico com quem conversei depois) que papoulas "breadseed" assim como a *Papaver paeoniflorum* e a *giganteum* não eram botanicamente diferentes da *Papaver somniferum*. Plantei algumas *paeoniflorum* e não tinha ideia do que eram até então.

Fiquei mais tranquilo com a analogia das etiquetas de colchões de Winterrowd, acima de tudo porque eu realmente não queria ter que arrancar minhas papoulas, ao menos não ainda. A minha primeira estava prestes a florescer. Estávamos na primeira semana de julho quando notei no fim de uma haste fina, curvada para baixo, um botão do tamanho de uma cereja, coberto por uma penugem macia e peluda. A cobertura externa do botão, ou cálice, havia se aberto, e era possível ver as pétalas vermelhas dobradas dentro, embrulhadas como um paraquedas. Na manhã seguinte a haste havia se esticado novamente com seu um metro e vinte de altura e as pétalas — cinco delas de um intenso vermelho sedoso e com manchas pretas — haviam se desenrolado por completo, descartando o cálice e se voltando para o sol. Aquela flor solitária foi seguida no outro dia por três igualmente formidáveis pinceladas de pigmento, depois seis, depois doze, até que meu canteiro de papoulas tinha se tornado uma mistura de cores incrível, de parar o trânsito, de um vermelho tão intenso que chegava a ser platônico. Enfim entendi o que Robert Browning quis dizer quando falou do "descaramento vermelho das papoulas": seu tom era berrante. O florescer lavanda de outra variedade aconteceu alguns dias depois, um choque de cor mais frio, mas não menos puro. Quando o sol ficava atrás delas, ao anoitecer, as pétalas se tornavam luminosas como vitrais.

"É uma pena", escreveu Louise Beebe Wilder, "que as papoulas tenham tanta pressa em abandonar suas pétalas sedosas e mostrar suas cápsulas coroadas". Tendo visto as flores, sou obrigado a discordar dela, e não apenas por motivos farmacológicos. As vagens de sementes das papoulas dificilmente são menos assombrosas do que suas flores: florões verde-azulados, inchados, pousados no topo de pedestais redondos (chamados estipes), cada cápsula coroada com uma antera voltada para cima como uma roda de Catarina. Por todo mês de julho meu canteiro estava cheio de exemplares daquela forma de vida tão interessante. Ao mesmo tempo e lado a lado, havia os botões caídos sonolentos, as bandeiras coloridas brilhantes e as imponentes urnas de sementes eretas, tudo contra o mesmo pano de fundo fresco de folhagem verde empoeirada. Era impossível escolher o que achava mais bonito: folha, botão, flor ou vagem. Concluí que meu canteiro de papoula era mais bonito do que qualquer coisa que já tinha plantado.

Meus colegas jardineiros estavam fazendo eu me sentir tolo sequer por pensar em cortá-las; de fato, enquanto admirava minhas papoulas em sua completa glória de meados de verão, um luxuoso presente inesperado da natureza, era difícil acreditar que elas podiam ser ilegais — que, do ponto de vista da lei, observá-las era basicamente a mesma coisa que admirar pacotes de pó branco na mesa de alguma refinaria de drogas imunda. Mas eu sabia que era exatamente isso. E que metamorfose isso representava! Que um ato tão comum e inocente quanto plantar um punhado de sementes comuns e legais pudesse de alguma forma transportar alguém para o território da criminalidade.

Só que essa metamorfose exigia não apenas elementos físicos como semente, água e sol, mas também, e de forma crucial, certo ingrediente metafísico: o conhecimento de que as papoulas que eu via ali eram, de fato, do gênero *Papaver* e da espécie *somniferum*. Pois, embora a ignorância da lei nunca seja uma defesa, no caso das papoulas, a ignorância da botânica pode ser. É verdade, plantei as sementes que sabia serem *Papaver somniferum* e daí espalhei esse fato pelo mundo. Mas e se, em vez disso, tivesse plantado papoulas "breadseed", ou as sementes de papoula vindas de um bagel qualquer? E se tivesse plantado apenas a *Papaver paeoniflorum* que encomendei, a que não tinha a menor ideia se era de fato *somniferum*? Enquanto admirava o extravagante florescer duplo das papoulas que haviam florescido, me dei conta de que cultivá-las não era mais criminoso do que cultivar ásteres ou cravos amarelos — isto é, desde que eu tivesse permanecido sem saber que elas eram, de fato, *somniferum*. Mas é tarde demais para mim agora; sei demais. E você, caro leitor, também.

Foi esse conhecimento que inspirou a lógica meio furada por trás do que decidi fazer agora. No começo, eu não havia planejado fazer incisão nenhuma nas minhas papoulas, por medo de que esse passo me fizesse cruzar a linha para a criminalidade. Mas agora eu sabia que já a havia cruzado. O leite já estava derramado. Eu sei, nem de longe essa era uma abordagem racional da situação: fazer uma incisão em uma das vagens no meu jardim seria a prova de que eu sabia que tipo de papoulas tinha ali. Contudo, naquela tarde de verão em particular, ali sozinho com minhas encantadoras papoulas, naquilo que, no fim das contas, era o meu jardim, essa lógica parecia bem sedutora. Por isso, vasculhei meu pequeno aglomerado de papoulas em busca da cápsula de sementes mais gorda e túrgida e a puxei. Com a cápsula quente do tamanho de uma ameixa entre o polegar e o indicador, cortei sua pele com a unha do polegar. Logo uma pequena gota de seiva leitosa se formou na superfície; o corte continuou a sangrar por um minuto ou dois, a seiva escurecendo perceptivelmente enquanto oxidava, e então foi parando, coagulando. Toquei a gota de ópio com o dedo indicador e a coloquei na língua. Era indescritivelmente amargo. O gosto permaneceu na minha boca pelo resto da tarde.

5.

Quando enfim conheci Jim Hogshire, em meados de julho, fazia duas semanas que ele não tinha se apresentado ao tribunal. Ele estava ficando em Manhattan, um bom lugar para ser anônimo, enquanto pensava no próximo passo.

Era uma manhã quente de verão e nos encontramos para um café na Rua 23 Oeste; depois, planejamos visitar o distrito das floriculturas para procurar papoulas secas e também conferir um rumor que Hogshire tinha ouvido sobre uma investida contra a importação das flores secas. Hogshire estava vestido todo de branco, um homem de 38 anos, magro com longos cabelos louros presos num rabo de cavalo. Seu rosto era bonito, mas preocupado; seus traços finos e angulosos eram fortes, e seus olhos profundos, que são de um impressionante tom de cinza, estavam cercados de sombras. Durante a conversa o achei alternadamente expansivo e cauteloso, apesar de apenas pedir para falar em *off* pouquíssimas vezes. Para alguém que não tinha onde morar, que estava a uma multa de trânsito de distância de voltar para a prisão, Hogshire parecia surpreendentemente calmo — ou pelo menos mais calmo do que eu estaria nessas circunstâncias.

Hogshire é apaixonado por papoulas, e falamos sobre nosso interesse mútuo por um tempo, pulando da horticultura da

Papaver para a jurisprudência, para a nomenclatura, para a química. Aprendi sobre os 38 alcaloides que foram encontrados na *somniferum*, os "caminhos biogenéticos" da tebaína à morfina (parei de entender aí), e o "incrível potencial" dos "compostos Bentley" que foram sintetizados da *Papaver bracteatum*. Ele me disse que ouviu pela primeira vez sobre o chá de papoula de um amigo, um jardineiro cuja mãe russa o fazia em casa como remédio. Hogshire começou a fazer experimentos com as papoulas que encontrou crescendo "na porta do meu apartamento".

"Nas primeiras vezes fiz tudo errado. Não moí as papoulas, não tive critério, usei tanto as folhas e caules quanto as vagens. Também tentei fumar todas as várias partes, fazendo minha esposa e eu de ratos de laboratório. De forma empírica, provei para mim mesmo que as vagens são, sem dúvida, a parte mais potente." Percebi que Hogshire se via como o herdeiro de uma grande tradição de autoexperimentação na medicina ocidental. Ele acabou aprendendo a fazer um chá potente a partir das papoulas secas, pulverizando as vagens num moedor de grãos de café e, em seguida, mergulhando o pó em água quente. Pedi que ele descrevesse os efeitos de uma xícara de chá de papoula.

"Não te derruba, não é como fumar ópio. Na verdade, tem muita gente que vai te dizer que nem notou a onda. Começa com uma sensação de formigamento no estômago, que depois sobe para os ombros e a cabeça. Uma sensação só de... alegria. Você se sente otimista sobre as coisas; animado, mas ao mesmo tempo relaxado. Você permanece funcional: não vai dizer nada idiota e vai se lembrar de tudo depois. Não vai cair no sono, embora vá sentir um forte desejo de fechar os olhos. Qualquer dor que você tiver vai desaparecer; o chá também alivia a depressão provocada por efeitos exógenos. É por isso que o chá de papoula é servido em funerais no Oriente Médio. Ele faz a tristeza desaparecer."

É difícil de acreditar que flores disponíveis no mercado possam produzir tais efeitos, e às vezes as alegações no livro de Hogshire me fizeram lembrar dos "métodos caseiros para ficar chapado"; fumar cascas de banana, por exemplo ("Eles me chamam de amarelo aveludado", cantava Donovan em 1967), comendo sementes de ipomeia (supostamente alucinógenas) ou bebendo coquetéis feitos de Coca-Cola e aspirina. Poderia haver algum tipo de efeito placebo no caso do chá de papoula? Hogshire me mostrou um artigo científico do *Bulletin on Narcotics* que afirmava que papoulas secas vendidas no comércio de fato continham opioides em quantidade significativa. Ele também indicava que era possível ficar viciado em chá de papoula. No livro, ele diz: "A abstinência de ópio é dolorosa, mas a dor acaba, normalmente em três a cinco dias... Esses são, de fato, dias difíceis para o viciado que está em abstinência, mas não é pior do que um caso grave de gripe." Isso não parece o efeito de um placebo.

Se Hogshire estivesse certo, o ópio estava escondido à vista de todos nos Estados Unidos — o que explicaria por que o governo se interessou pelo autor de *Opium for the Masses*. Ele e seu livro publicado por uma editora pequena haviam acabado com um conjunto de mitos que vinham sendo úteis para o governo desde 1942, quando o Congresso decidiu que a melhor maneira de controlar os opioides era banir o cultivo doméstico da *Papaver somniferum* e forçar as companhias farmacêuticas a importar ópio (que elas usavam para produzir morfina e outros opioides) de alguns poucos países designados na Ásia. Desde então tornou-se predominante a percepção de que tal restrição legislativa é na verdade botânica — que o ópio crescerá apenas nestes lugares. O outro mito que Hogshire havia implodido é o de que a única maneira de extrair opioides das papoulas é fazendo incisões em suas vagens no campo, um processo complexo, que exige tempo e que, segundo ouvi mais de uma vez de policiais e jardineiros, dificultava a produção caseira.

A durabilidade desses mitos obliterou conhecimentos sobre o ópio que eram comuns há apenas um século, quando ele ainda era um remédio não controlado popular e as papoulas eram um cultivo doméstico relevante. Ainda em 1915, panfletos produzidos pelo Departamento de Agricultura dos Estados Unidos ainda mencionavam papoulas como um bom cultivo para venda para agricultores do Norte. Algumas décadas antes, os Shaker estavam cultivando ópio comercialmente no norte de Nova York. Ainda neste século, imigrantes russos, gregos e árabes nos Estados Unidos usavam chá da cabeça da papoula como sedativo leve e remédio para dor de cabeça, dor muscular, tosse e diarreia. Durante a Guerra Civil, jardineiros no Sul eram encorajados a plantar papoulas para contribuir com o esforço de guerra, de forma a garantir o suprimento de analgésicos para o Exército Confederado. As descendentes dessas papoulas prosperam até hoje nos jardins do Sul, mas não o conhecimento sobre sua proveniência e seus poderes.

O que Hogshire fez foi escavar esse conhecimento vernacular e publicá-lo para o mundo — no formato "passo a passo", com receitas. Até onde sei, o conhecimento no livro dele não penetrou muito na cultura da droga — *Opium for the Masses* vendeu entre oito e dez mil exemplares e não encontrei nenhuma prova de produção de chá nos círculos de uso de drogas —, mas eu estava curioso para saber quanto o conhecimento sobre o livro se espalhara nos círculos policiais. Enquanto Hogshire e eu percorríamos as poucas quadras da Sexta Avenida até o Distrito das Floriculturas, ele me contou que, desde a publicação do livro em 1994, o preço das papoulas secas dobrou e a DEA iniciou uma investigação "discreta" do comércio doméstico. Agentes visitaram vendedores de flores secas, assim como a Associação Americana da Indústria de Flores Secas e Preservadas, um grupo de comércio em Westport, Connecticut. Tudo isso me soou como arrogância ou paranoia — isto é, até chegarmos ao Distrito das Floriculturas.

O Distrito de Floriculturas de Manhattan é modesto, umas duas quadras ao sul da Sexta Avenida, onde algumas dezenas de atacadistas de flores secas e frescas têm seus mostruários no térreo. Quando o pedestre chega à Rua 27, o que tinha sido um trecho particularmente sombrio de Manhattan de repente irrompe em vegetação e flores. Baldes de cabeças de lótus secas e hortênsias margeando as fachadas, gardênias penduradas perfumando o ar e aglomerados de fícus em vasos transformam a calçada suja numa bela cópia de um caminho de jardim. Na Rua 28 paramos numa loja estreita e entulhada especializada em flores secas. Hogshire examinou uma longa parede de nichos recheados com ramos de flores secas sem rótulo — milefólios, lótus, hortênsias, peônias e rosas em uma dezena de tons — até que avistou as papoulas: quatro tipos delas, suas vagens variando em tamanho de bolas de gude a bolas de tênis, a maioria em grupos de dez embrulhados em celofane. As menores ainda tinham uma tonalidade verde e algumas folhas crocantes enroladas em seus caules. As cabeças maiores de papoula eram de cor amarelada e impressionantemente esculturais. Elas me lembraram uma fotografia botânica de Karl Blossfeldt, o fotógrafo alemão do início do século XX cujos retratos de caules, botões e flores os fazem parecer fundidos em ferro. Hogshire perguntou à mulher no caixa se ela tinha tido algum problema para conseguir papoulas ultimamente. Ela deu de ombros.

— Problema nenhum. De quantas você precisa?

Peguei um maço por 10 dólares e me senti constrangido com a minha compra. O saco plástico que ela me ofereceu era curto demais para os caules longos, então, antes de voltarmos para a rua, coloquei o maço de ponta cabeça dentro dele.

Ouvimos uma história diferente do outro lado da rua, na Bill's Flowers. Bill nos disse que não estava mais conseguindo papoulas; de acordo com o fornecedor dele, a DEA — ou o Departamento de Agricultura, ele não tinha certeza — havia banido a importação meses antes, "porque os jovens estavam fumando as sementes ou algo assim". O fornecedor contou que poderia vender o que tivesse em estoque, mas não haveria mais papoulas depois disso. A história de Bill foi o primeiro sinal de que as autoridades federais estavam, como Hogshire alegara, tomando uma atitude a respeito do comércio de papoulas — embora fossem levar mais muitas semanas até eu descobrir o que exatamente.

Ainda de manhã, Hogshire me convidou para ir ao quarto dele; o dia estava ficando quente e ele queria trocar de camiseta. Desde o despejo, ele pernoitava quase sempre na casa de amigos, longe do próprio apartamento. No dia seguinte ele esperava estar em outro lugar. Mais cedo, eu havia perguntado a ele por que não tinha ficado em Seattle para responder as acusações.

"Eu voltaria na hora se achasse que essa briga é justa, se eu tivesse como ter certeza de que não fabricariam provas ou me jogariam de novo na cadeia quando fosse à audiência. Mas o fato de não terem desistido quando a primeira acusação foi rejeitada me mostrou que eles estão agindo por vingança." (Em fevereiro, Hogshire mudou de ideia. Disse que tinha contratado outro advogado e que planejava voltar a Seattle para encarar a corte.)

Fiquei sentado na cama enquanto ele trocava de camiseta. Olhando em torno do quarto entulhado, notei que ele viajava com pouca bagagem, pouco mais que uma muda de roupa, o notebook, alguns livros, uma pilha de artigos sobre papoulas e um maço de documentos do processo. Pensei em como seria ter que cair na clandestinidade. Não poder ir para casa, não ter suas coisas por perto, sequer saber onde iria passar a próxima noite, semana ou mês.

6.

Por mais fácil que tenha sido me distanciar da existência clandestina de Hogshire, no trem, voltando para casa, eu me perguntei o quanto de distância circunstancial de fato existia entre nós dois. Era menos do que aparentava e muito pouco para estar tranquilo. Afinal, eu tinha papoulas crescendo em meu jardim e estava escrevendo um artigo que não apenas reconheceria esse fato, como também repetiria a mesma informação que havia causado tantos problemas a Hogshire. "Depois do que publicou", dissera o policial a Hogshire enquanto o arrastavam para a prisão, "você não esperava que isso acontecesse?". Então, o que nos diferencia? Por um lado, minha vida não foi vivida tão perto das margens da sociedade como a de Jim parecia ter sido; por outro, eu estava escrevendo para uma revista de circulação nacional em vez de para a imprensa especializada. E também havia um detalhe: eu não me associava a pessoas como Bob Black.

Foi a essas distinções que me apeguei quando, nas semanas seguintes, me esforcei ao máximo para aprender até onde a DEA estava de fato interessada em papoulas — se, como Hogshire sugeriu, o governo tinha mesmo começado uma investigação e passado a reprimir o cultivo doméstico de ópio. Minha curiosidade era jornalística, mas, em certo sentido, também era em benefício próprio, em caráter urgente. Ao descobrir o que a DEA estava fazendo, eu esperava saber se as fantasias paranoicas que me corroíam tinham base na realidade. Eu precisava saber se seria necessário me livrar das papoulas o mais rápido possível ou se podia deixá-las crescer com segurança e talvez experimentar chá de ópio.

Comecei conferindo as dicas de Hogshire. Na Associação Americana da Indústria de Flores Secas e Preservadas, Beth Sherman confirmou que um agente da DEA chamado Larry

Snyder havia, de fato, feito uma visita em 1995. "Ele nos pediu para publicar um artigo em nosso boletim informativo recomendando que as pessoas não plantassem um certo tipo de papoula", ela me contou. A papoula sempre foi ilegal, o agente havia explicado para eles, mas "até hoje o governo não tinha tentado fiscalizar quem descumpria essa lei. Ou seja, eles estavam querendo corrigir algo que havia saído do controle, mas tentando fazer isso de maneira discreta". A associação concordou em publicar um artigo fornecido pela DEA informando seus associados que era ilegal a posse e a venda de *Papaver somniferum*.

Hogshire me disse que uma floricultura na região de Seattle chamada Nature's Arts, Inc. também tinha sido contatada pela DEA. Procurei Don Jackson, o dono. Jackson, que estava no ramo de floriculturas há 45 anos, me contou que um agente local da DEA chamado Joel Wong visitou sua loja em março de 1993. O agente disse a Jackson que estava investigando papoulas e queria saber que tipos havia na loja dele e de onde elas tinham vindo.

"Ele levou várias papoulas para serem examinadas. Semanas depois me contou que eram do tipo que produz ópio e que podiam dar onda, mas não me disse para parar de vender." A partir daí, Jackson ouviu rumores de uma operação e disse que conhecia vários grandes cultivadores domésticos que pararam de plantar papoulas por medo de ter suas flores confiscadas. Jackson estava preocupado com o desaparecimento da *somniferum* do comércio: "Não temos como substituí-la", explicou. "É uma vagem tão bonita, grande e redonda. É exatamente o que as pessoas procuram como ponto focal em um arranjo."

Quando tentei entrar em contato com Joel Wong, descobri que ele se aposentara recentemente. Outro agente no escritório atendeu a minha ligação, mas insistiu, depois de quinze minutos, que eu não citasse seu nome. Nestas circunstâncias, acho que vou acatar o pedido. O agente anônimo parecia não saber nada sobre a investigação de seu antecessor sobre papoulas secas, então mudei o assunto para o cultivo de papoulas.

— É ilegal cultivar papoulas que produzem ópio — disse o agente —, mas, sinceramente, não creio que isso vá se tornar uma grande questão porque é muito trabalhoso extrair o ópio. É preciso fazer uma incisão nas vagens no início da manhã, esperar que a seiva escorra e depois raspar uma por uma. Por que fazer tudo isso se você pode ir na esquina da Primeira Avenida com a Pike e comprar um pouco de heroína preta? — (A heroína preta é uma forma barata de heroína produzida no México.) — Por mim, podem plantar. Não vai ser um grande problema.

Como a conversa estava sendo amigável, decidi perguntar ao agente qual conselho ele daria a um jardineiro conhecido meu que tinha papoulas no jardim.

— Eu diria a ele que é ilegal e ele está correndo o risco de ter sua porta derrubada. Mas eu tenho prioridades. Se o cara for um botânico da Universidade de Washington, não vai ter a casa invadida; por outro lado, se esse professor estiver extraindo ópio das flores, provavelmente vão arrombar a porta dele, sim. Cada caso é um caso. Mas eu também diria a ele: "Por que cultivar esta planta ilegal quando há tantas outras plantas lindas?" Esse seria meu conselho: por que papoulas quando você pode investir sua energia em bonsais ou orquídeas, que são muito mais desafiadoras? Afinal, quantas pessoas conseguem cultivar uma orquídea?

Como eu tinha dito que escrevia sobre jardinagem, notei que ele parecia ansioso para falar sobre o cultivo de orquídeas, seu hobby; o agente até mencionou que mantinha uma na mesa dele. Mas, quando o pressionei sobre o cultivador de papoulas hipotético, ele se tornou menos amigável.

— E se esse cultivador de papoulas também estiver publicando artigos sobre como fazer chá de papoula?

— Então a porta dele vai ser arrombada. Porque ele está tentando promover algo que é ilegal.

Foi uma conversa assustadora. Fui lembrado de algo que Hogshire havia dito sobre as leis que regulamentam as papoulas. "É como se eles tivessem promulgado uma lei sobre um limite de velocidade de trinta quilômetros por hora que nunca tivesse sido publicada, nem imposta, sequer comentada. Não tem como sabermos que a lei existe. Aí eles param o carro de alguém e dizem 'Ei, você está andando a oitenta. Não sabe que o limite é trinta? Você desrespeitou a lei, está preso!' 'Mas ninguém mais está sendo parado...', você diz. 'Não importa, a lei é essa e o critério é nosso. E o fato de seu carro ser coberto de adesivos políticos dos quais a gente não gosta não tem nada a ver com isso, ok? Não tem a ver com liberdade de expressão!'" De todo modo, as leis sobre as drogas são uma arma poderosa nas mãos de um agente anônimo ou de um Bob Black. Com o limite de velocidade tão baixo, basta um agente do governo furioso ou um "cidadão informante" para que você seja parado ou sua porta seja arrombada.

* * *

Foi logo depois dessa conversa com o agente anônimo que tive meu segundo sonho de ópio. Estávamos quase no fim de julho e eu havia contraído a doença de Lyme, então minhas noites já eram assustadoras o suficiente, uma montanha-russa de febres e calafrios de quebrar os ossos. No sonho, acordo e encontro rostos pressionados contra as janelas do meu quarto, cinco vidraças cheias de cinco cabeças brancas redondas: ligeiramente élficas. É uma invasão, percebo; estão procurando papoulas. Revistam minha casa a noite toda e, ao amanhecer, começam a vasculhar minha horta. Estão examinando cada centímetro de solo, estão até espanando as folhas dos meus repolhos em busca de impressões digitais. Meus algozes são peculiarmente não ameaçadores, e, neste sonho, já cortei minhas papoulas, então não deveria ter com que me preocupar. Mesmo assim, tento ao máximo ajudar todos os cinco ao mesmo tempo, apenas para garantir que não "plantem" nada, mas, não importa para onde me mova, um deles está sempre bloqueando minha visão dos demais. Eu ando para um lado, depois para outro, e a frustração de não ver o que eles estão fazendo cresce até que acho que vou explodir. Até que, de repente, vejo uma única linda papoula lavanda em plena floração do outro lado da cerca do jardim: tinha me esquecido daquela. Será que vão notar? Acordo antes de descobrir. A roupa de cama encharcada de suor.

Talvez a doença de Lyme explique o pesadelo, já que tive sonhos febris intensos durante toda a semana, mas também poderia ter sido a ligação que recebi de Jim Hogshire no início daquele dia, dizendo que estava pensando em ir à minha casa "para ajudar com a colheita". Comparado a isso, o sonho era tranquilo, pois ali estava um pesadelo genuíno: eu estava doente, com uma febre de 39 graus, minhas juntas tão duras que quase não conseguia virar a cabeça e um foragido da polícia que não tinha onde morar queria vir à minha casa para ajudar com uma colheita que poderia me colocar na cadeia. Minha mente vacilou enquanto eu considerava o quão terrível era aquela ideia. Eu queria mesmo ter dentro de casa alguém que poderia muito bem ser duramente questionado pela polícia em algum momento? (*Certo, sr. Hogshire, quem mais o senhor pode apontar?*) E, uma vez que ele se acomodasse, como eu conseguiria fazer meu convidado ir embora? (O filme *O pentelho* estava nos cinemas naquela semana.) Eu sei, isso é muito injusto com Jim Hogshire, que me parece um cara decente, mas uma coisa perturbadora que ele mesmo tinha dito não saía da minha cabeça: que, depois de ser despejado, ele pensou em denunciar a locatária por cultivar papoulas. Também surgia diante de mim a figura de Bob Black, o hóspede infernal. Vasculhei meu cérebro à procura de uma desculpa educada e meio crível, mas essa era uma situação que a etiqueta social ainda não havia previsto. No fim, dei uma desculpa patética sobre estar doente demais para pensar em receber alguém no momento e que precisava consultar minha esposa antes de convidá-lo.

Também disse a Hogshire que não tinha certeza se colheria mesmo o ópio, o que era verdade. Eu ainda não tinha uma noção boa o suficiente das intenções da DEA a respeito das papoulas e, portanto, do risco que a extração significava. A

DEA parecia estar tramando algo, mas o quê, exatamente? A melhor opção seria entrar em contato com a sede deles em Washington, D.C., mas, sabendo o quão evasivos os agentes podem ser (além de ficar bastante nervoso com a ideia de alertá-los sobre a minha existência e os meus interesses com minhas plantas ainda no solo), decidi que seria melhor primeiro descobrir o máximo possível sobre o escopo da campanha contra a papoula.

Liguei para Shepherd Ogden na Cook's, uma das empresas de sementes que vendem papoulas. Ele tinha ouvido os rumores de que a DEA enviara cartas para empresas de sementes solicitando que parassem de vender *somniferum*, apesar de não ter recebido uma. Ogden reiterou algo que eu já sabia: que a venda das sementes é legal. Fora isso, ele não tinha certeza. Ogden sugeriu que eu consultasse a Associação de Cultivadores de Flores de Corte Especial, um grupo de comércio em Oberlin, Ohio. No fim das contas, o presidente da associação, um produtor de flores do norte da Califórnia chamado Will Fulton, tinha acabado de rascunhar uma coluna para a última edição do boletim informativo da associação, alertando os membros sobre a carta da DEA, que fora enviada para "uma de nossas empresas de sementes mais respeitadas". A coluna citava o primeiro parágrafo da carta:

> O Departamento de Justiça dos Estados Unidos, a Drug Enforcement Administration (DEA), tomou conhecimento de que em certas partes dos Estados Unidos a papoula do ópio (*Papaver somniferum L.*) está sendo cultivada para fins culinários e hortícolas [os itálicos são de Fulton].

O cultivo de papoula do ópio nos Estados Unidos é ilegal, assim como a posse de "palha de papoula" (todas as partes da papoula colhida, exceto as sementes). Algumas empresas de sementes foram identificadas como responsáveis pela venda de sementes de papoula de ópio, algumas com instruções para o cultivo impressas nas embalagens de varejo. Antes que a situação agrave a epidemia de consumo de drogas no país, a DEA solicita a sua ajuda para restringir tal atividade.

A julgar pela intrépida polêmica que se seguiu, Will Fulton é o Thomas Paine* do mundo das flores de corte. "Um minuto!", escreveu ele. "Onde está a *mens rea* [intenção criminosa] aqui? Pois bem, imaginem-se na sala de interrogatório: 'Então, vocês admitem que pretendiam cultivar para fins culinários ou hortícolas.'"

"Por que é ilegal plantar uma semente, um presente da natureza, quando sua única intenção é cultivá-la pela beleza física, e ao mesmo tempo é legal comprar um AK-47 quando sua única intenção é controlar a população de esquilos?" Verdade, os Pais Fundadores dos Estados Unidos haviam previsto o direito específico de portar armas, mas a única razão pela qual não tinham nada a dizer "sobre o direito de plantar sementes [era] (...) porque nunca lhes teria ocorrido que algum estado pudesse se importar em restringi-lo. Afinal, eles estavam escrevendo em papel de cânhamo."

---

* Thomas Paine (1737-1809) foi um político britânico, inventor, intelectual e revolucionário, também um dos Pais Fundadores dos Estados Unidos. (N. do E.)

Quando consegui falar com Fulton em sua fazenda de flores no norte da Califórnia, ele identificou o destinatário da carta da DEA como Thompson & Morgan, uma respeitável empresa britânica com filial em Nova Jersey. Lisa Crowning, a horticultora chefe da Thompson & Morgan, confirmou ter recebido a carta, que considerou "intimidadora" e "preocupante". Enviada como carta registrada no fim de junho, a missiva era assinada por "Larry Snyder, chefe da Unidade Internacional de Drogas", o mesmo homem que visitara a Associação Americana da Indústria de Flores Secas e Preservadas. A Thompson & Morgan ainda não tinha decidido o que faria em relação ao pedido da DEA, mas Crowning esperava que a empresa continuasse a ofertar papoulas, que ela me contou cultivar no próprio jardim. Crowning tinha telefonado para Larry Snyder, esperando que pudesse existir "algum meio-termo" que deixaria a DEA satisfeita (ela mencionou colocar um alerta no catálogo ou remover as instruções sobre o cultivo da embalagem), mas o achou irredutível. "Sem querer ofender a DEA", disse ela para mim, "mas acho que super estamos no nosso direito de vender estas sementes".

O texto completo da carta de Snyder para a Thompson & Morgan trouxe a novidade alarmante de que a DEA estava, de fato, prendendo pessoas pelo cultivo de papoulas. Ela aludia a uma "recente apreensão de drogas envolvendo uma quantidade significativa de mudas de papoulas (...) muitas com vagens de sementes marcadas (...) [isso] revelou um estoque de sementes de papoula com o registro da data de envio e o nome e o endereço da sua empresa como fornecedora. Você deve estar ciente de que o fornecimento dessas sementes para fins de cultivo pode ser considerado ilegal". Depois dessa ameaça velada, Snyder pediu o "cessar voluntário da venda de *Papaver somniferum L.*".

Em outubro, fervilhavam na rádio peão da horticultura boatos sobre a papoula e sobre o que me pareciam ser rumores de guerra. Por Beth Benjamin, da Shepherd's Garden Seeds, eu soube que a polícia havia apreendido papoulas de um projeto de jardim público para os sem-teto que a empresa apoiara em Santa Cruz. Por Will Fulton, fiquei sabendo que um agricultor no norte da Califórnia tivera sua safra destruída pela DEA. Pela American Seed Trade Association (ASTA), que a DEA — por meio de Larry Snyder — havia solicitado formalmente a proibição de forma voluntária da venda de sementes de papoula aos seus associados; a associação obedeceu, disse-me um funcionário, "como uma espécie de dever cívico". Por Katie Sluder, uma importadora de flores secas com sede na Carolina do Norte, que um contêiner cheio de papoulas que ela encomendara de um produtor na Holanda tinha sido barrado pela alfândega dos Estados Unidos.

Uma onda de repressão estava em andamento, mas era uma onda estranhamente discreta. Em vez de realizar algumas apreensões alardeadas, a DEA parecia estar usando uma estratégia muito mais sutil. Consistia em pressionar indústrias (em alguns casos ao intimidar empresas envolvidas com o comércio legal) a estancar suprimentos de sementes e flores secas sem fazer alarde para o público geral, muito menos divulgar o que de fato as pessoas podem fazer com as papoulas. A mão sutil por trás desses esforços pelo visto era de Larry Snyder, e decidi que havia chegado o momento de conversar com ele. Quando vi o número do telefone dele estampado no boletim informativo da ASTA, senti como se tivesse esbarrado no número do próprio Mágico de Oz.

Depois de me apresentar como jornalista que escrevia sobre jardinagem, Snyder concordou em ser entrevistado. Comecei perguntando qual era o conselho dele sobre o cultivo de papoulas no meu jardim. Ele foi direto: "Meu conselho é: *não cultive*. Fazer isso é uma violação da lei federal. Eu me livraria delas." Ele acrescentou que "não vamos pegar as papoulas do jardim da vovó", confirmando que um jardineiro tem que estar cultivando *P. somniferum* com conhecimento e intenção para que isso configure um crime.

Tentando ser solícito (quem sabe?), Snyder mencionou que há 1.200 outras espécies de papoulas que eu poderia cultivar, incluindo "*rheas, giganteum* e um milhão de outras". *Giganteum*? Não era esta que Wayne Winterrowd havia dito que era uma variedade da *somniferum*? Pedi que ele a descrevesse. "A cápsula dela é ainda maior que a da *somniferum*. Tenho uma dessa aqui na minha mesa."

Snyder reconheceu que, até bem pouco tempo, a DEA não havia feito nada para impor as leis contra o cultivo de papoula, até que recebeu "uma informação vinda do Noroeste e da Califórnia de que as pessoas estavam fazendo chá de papoulas secas e frescas".

Ele conhecia um livro chamado *Opium for the Masses*?

Depois do que me pareceu uma pausa desconfortavelmente longa, ele respondeu simplesmente: "Temos acesso à maioria das publicações."

Posso estar errado, mas a minha impressão é a de que Snyder de repente ficou brusco comigo a partir desse ponto da conversa. Ele se recusou a falar sobre a apreensão que mencionara em sua carta para as empresas de sementes, sob a justificativa de que ainda era "um caso em andamento". Quando perguntei sob qual autoridade a DEA poderia impedir as empresas de sementes de vender sementes legais, ele me cortou: "Se eles vendem para fins de cultivo, isso é ilegal." Era difícil pensar em outro motivo pelo qual uma empresa de sementes venderia sementes.

Então perguntei a Snyder se ele se preocupava com a possibilidade de que esses esforços pudessem alertar as pessoas sobre o quão fácil é obter opioides nos Estados Unidos.

"Há sempre o risco de que mais pessoas fiquem sabendo, algumas pessoas de fato vão tentar. É o mesmo que anunciar que o banco deixa o cofre aberto às nove da manhã. Se isso vai induzir alguém a roubar o banco? Tire suas próprias conclusões."

7.

A conclusão que tirei é que a DEA estava de fato tentando implantar uma discreta ação repressiva, tentando acabar com os fornecedores de papoulas, tanto as frescas quanto as secas, sem chamar a atenção para o fato de que, como havia descoberto com a ajuda de Jim Hogshire, elas estavam disponíveis no mercado aberto e eram facilmente transformadas em narcótico. O que estava no cofre do banco ao qual Snyder aludiu era esse conhecimento, ainda escondido atrás de uma grande parede de desinformação e mitos. A DEA parece ter a intenção de mantê-lo lá, garantindo que o ópio doméstico desapareça antes que as pessoas fiquem sabendo que ele está, de fato, bem à vista de todos.

O governo parece estar percorrendo um caminho tortuosamente estreito aqui, tentando enviar uma mensagem para aqueles que estão por dentro dessa informação e outra muito diferente para aqueles que não estão. Esse jogo delicado de equilíbrio ficou explícito na apreensão que Larry Snyder não quis discutir comigo. Tenho quase certeza de que agora sei de qual apreensão Snyder estava falando (ou não). Em 11 de junho, algumas semanas antes de as minhas papoulas florescerem, a DEA e os policiais do Condado de Spalding, Geórgia, invadiram o jardim de Rodney Allan Moore, um desempregado de 31 anos, e sua esposa, Cherie. Os agentes apreenderam 258 mudas de papoula, muitas delas com suas cápsulas de sementes com incisões; duas dúzias de mudas de maconha; e vários gramas de maconha ensacada. Uma busca no trailer em que os Moore viviam revelou registros indicando que as sementes de papoula tinham sido compradas da Thompson & Morgan e de duas outras empresas, bem como um exemplar de *Opium for the Masses*. Moore foi acusado de fabricação de morfina e porte de maconha. Embora não tivesse antecedentes criminais, ele foi (e até fevereiro ainda está sendo) mantido sob fiança de 100 mil dólares.*

---

* Moore foi indiciado pelo grande júri por várias acusações, entre elas fabricação de morfina e posse de arma de fogo durante a prática de um crime. Ele se declarou culpado para reduzir a pena e recebeu uma sentença de dez anos de prisão, dos quais cumpriu dois e meio, e foi condenado a pagar uma multa de 57 mil dólares. (N. do A.)

Não parece que a prisão de Moore fosse parte de qualquer esforço de repressão organizado contra pessoas que cultivam papoulas; a partir de uma denúncia anônima, os policiais haviam procurado uma plantação de marijuana e, ao que parece, esbarraram nas papoulas. Mas a maneira como a batida foi conduzida, acho, é um indicativo da estratégia dúbia do governo em relação ao ópio doméstico. Enquanto uma das mãos da DEA tirava vantagem da batida para localizar e pressionar as empresas que haviam (legalmente) vendido para Rodney Allan Moore suas sementes de papoula, a outra procurava espalhar uma grossa nuvem de desinformação a respeito das papoulas perante o público.

"Agentes tentam descobrir como papoulas entraram no país", dizia a manchete na primeira página do *Griffin Daily News*, junto a uma foto de uma das cabeças de papoulas de Moore com incisão. A matéria não fazia menção ao catálogo bem conhecido de sementes encontrado no trailer de Moore, o qual, é óbvio, provava que as papoulas não "entraram" no país. Em vez disso, citava Vincent Morgano, agente da DEA, alegando que o cultivo de papoulas de ópio era desconhecido nos Estados Unidos: "Em meus 25 anos na agência nunca vi ninguém com esse cultivo aqui." Clarence Cox, chefe da Força Tarefa de Narcóticos de Griffin-Spalding, garantiu à imprensa que as papoulas confiscadas não eram do tipo comumente cultivado nos jardins de flores norte-americanos; o xerife do Condado de Spalding, Richard Cantrell disse que cada uma das 258 cápsulas apreendidas na batida poderia, com a extração e o processamento corretos, produzir até um quilo de heroína cada. (Que alquimia!) Bill Maloney, também da DEA, explicou para um repórter que extrair narcóticos das vagens envolvia um procedimento extremamente complexo e perigoso: "Acho que até alguém com Ph.D. não conseguiria fazer." Ele também disse que as papoulas de ópio são raríssimas no sudeste dos Estados Unidos. "O clima precisa ser perfeito", explicou. "As temperaturas têm que estar altas e é preciso ter a quantidade correta de água."

Li todas essas asserções no *Griffin Daily News*, que as aceitou como verdadeiras. E por que não? Que razão os funcionários do governo teriam para mentir sobre horticultura? Contudo, muitas dessas declarações já haviam sido desmentidas em meu jardim. Eu sabia que as papoulas em questão — *Papaver somniferum* — são as mesmas comumente presentes nos jardins norte-americanos e que cultivá-las em qualquer lugar do país não é de forma alguma um desafio hortícola. E, embora eu ainda não tivesse certeza de que essas papoulas podiam produzir chá narcótico, James Duke, botânico do Departamento de Agricultura dos Estados Unidos com quem entrei em contato, havia me dito que papoulas de ópio comuns, de jardim, contêm morfina e codeína, e que esses alcaloides podem ser fácil e efetivamente extraídos de vagens frescas ou secas por infusão com água quente, ou seja, fazendo chá. "Então dá para entender por que eles poderiam estar preocupados."

E por que poderiam estar inclinados a mentir. Se o ópio é tão fácil de cultivar, e o chá de ópio pode ser *tão facilmente* preparado, a melhor — e talvez a única — maneira de o governo impedir as pessoas de cultivá-las e fazer o chá é convencê-las de que a tarefa é impossível.

Eu tinha todos os motivos para acreditar que James Duke e Jim Hogshire estavam certos, e para duvidar das afirmações dos agentes do governo da Geórgia. Mas ainda me parecia que, em meio à névoa cada vez mais densa de desinformação que gira em torno do assunto, a melhor maneira de descobrir a última peça do conhecimento sobre as papoulas seria realizar um experimento simples com as flores do meu jardim. Àquela altura compreendi que as leis que regem o cultivo dessa flor já haviam me expulsado do país dos cumpridores da lei e que isso havia acontecido antes mesmo que eu me desse conta. Como essas leis não faziam distinção entre cultivar papoulas e fazer chá de papoula, não parecia haver uma boa razão para não tomar as medidas necessárias para satisfazer minha curiosidade.

Neste ponto da história preciso fazer um parêntese para explicar por que as páginas seguintes, relatando meu "experimento simples", foram cortadas do artigo original, por orientação dos advogados, e depois ficaram perdidas por 24 anos.

Depois que enviei o manuscrito para a *Harper's Magazine* no fim do outono de 1996, e enquanto a edição e a checagem de informações estavam em andamento, mencionei ao meu editor que talvez devêssemos pedir a um advogado que lesse o manuscrito, uma vez que o governo estava interessado nas atividades que eu descrevia, algumas das quais poderiam ser classificadas como ilegais. John R. "Rick" MacArthur, o publisher da *Harper's Magazine* concordou e enviou meu texto para um renomado advogado criminal que ele conhecia. O advogado atuava em Bridgeport, Connecticut, uma cidade com extensa reputação de corrupção, crime organizado e drogas ilícitas — ou seja, um campo fértil para o Direito Criminal. Era uma tarde de inverno de céu claro quando o advogado e seu jovem sócio foram à nossa casa em Cornwall para informar a mim e Judith seu parecer jurídico sobre o artigo. Era um dia de semana e nosso filho de 4 anos estava na creche. Servimos o almoço para as visitas antes de nos acomodarmos na sala de estar para ouvir a análise deles. Lembro-me de ter pensado como parecia estranho ter dois criminalistas em nossa casa a trabalho.

Embora o advogado sênior falasse no tom sobrenaturalmente calmo de sua profissão, o que ele tinha a dizer nos deixou apavorados. Se ele estivesse certo — e eu não tinha motivo para duvidar disso —, eu corria um risco muito mais sério do que imaginava. Ao longo de todo o experimento, meu pior cenário, inspirado em grande parte pelo pesadelo de Jim Hogshire, tinha sido a batida policial da meia-noite: uma equipe da SWAT armada com um mandado de busca e apreensão destruindo minha casa e meu jardim enquanto minha família e eu observávamos sem poder fazer nada. Sempre presumi, porém, que o governo precisaria de alguma evidência material (as próprias papoulas!) ou de pelo menos uma testemunha ocular — algum tipo de corroboração independente do fato de eu ter cultivado papoulas — para poder fazer acusações contra mim.

Mas, depois de duas décadas de guerra contra as drogas, o poder com que o governo podia atuar contra seus cidadãos havia crescido ainda mais do que muitos de nós tínhamos ciência. Pelo visto, um mandado de busca era a menor das minhas preocupações. Valendo-se quase que apenas do conteúdo que propus para a publicação, era no mínimo concebível que um promotor federal pudesse me acusar de fabricar uma substância controlada do Anexo II. O artigo escrito por mim poderia ser interpretado como uma confissão e essa confissão poderia ser corroborada pelas minhas encomendas de sementes, ou pelas papoulas malévolas que surgiriam em meu jardim na primavera seguinte, visto que já haviam espalhado suas sementes. A pena? Até vinte anos de prisão e multa de 1 milhão de dólares, dependendo da quantidade da droga que eu estivesse fabricando. De acordo com as diretrizes federais, se nenhuma papoula fosse encontrada na propriedade, o governo poderia estimar a quantidade que *poderia ser cultivada* em um jardim do tamanho do meu e então me condenar com base nisso.

O advogado também compartilhou um fato ainda mais preocupante: segundo as leis federais de confisco de bens emendadas pelo Congresso em 1984 (e desde então apoiadas pelo Supremo Tribunal)*, o governo poderia confiscar minha casa e o terreno e nos despejar mesmo sem me condenar por qualquer crime. Na verdade, poderiam nos despejar sem sequer me acusar de um crime. Ele explicou que *minha casa e meu jardim* podem ser "condenados" pelo crime de fabricação de ópio, independentemente de eu ser acusado, quanto mais condenado, pelo crime. De acordo com a lei de confisco civil,

---

* Em 2019 a Corte limitou o confisco civil, citando a barreira da Oitava Emenda da Constituição Americana contra "multas excessivas". (N. do A.)

o padrão de prova é muito mais baixo do que em um processo criminal; o governo só precisa demonstrar "uma preponderância de indícios" de que minha propriedade está envolvida em uma violação das leis sobre drogas para confiscá-la. O que seria necessário para estabelecer essa preponderância? Na opinião do advogado sentado à minha frente em nossa sala, nada mais do que o artigo que eu planejava publicar.*

Enquanto ouvia esse advogado explicar com toda calma como a publicação do artigo poderia destruir nossas vidas, me dei conta de que havia duas narrativas em guerra aqui. Na minha versão da história, não seria problema nenhum colher algumas vagens do meu jardim, amassá-las, colocá-las numa xícara com água quente e provar o chá, que eu pensava ser um fitoterápico bastante leve. Mas essa é a minha versão dos fatos. O advogado estava me dizendo que eu tinha que considerar a versão muito diferente que o governo teria para os mesmos atos e talvez me subjugar a ela: que fazer chá de papoula é "produzir narcóticos"; que publicar sua receita e descrever seus efeitos sem recorrer aos termos mais terríveis seria "promover o abuso de drogas". A decisão de processar alguém depende não apenas dos crimes que ele pode ou não ter cometido, mas também do tipo de história que um promotor pode contar a um júri a respeito dele e, de acordo com o advogado, a versão do governo pode muito bem prevalecer sobre a mi-

---

* Você pode perguntar, como eu perguntei ao advogado, se o fato de eu ser um jornalista cultivando papoulas para escrever sobre elas me dava alguma proteção, de acordo com a Primeira Emenda ou alguma lei estadual. A resposta é não. Não havia lei protegendo a atuação de jornalistas no Connecticut em 1996 e, mesmo que houvesse, esse tipo de lei de proteção profissional não serve para jornalistas envolvidos em atividades criminais. (N. do A.)

nha. Minha situação foi agravada pelo fato de que não havia como disfarçar onde ou quando ocorreu o crime que eu estaria confessando publicamente: os eventos são ambientados em minha casa e jardim (estabelecendo assim a jurisdição e o ativo suscetível a confisco), e a hora exata em que o crime ocorreu poderia ser facilmente apurada datando os eventos na narrativa, como a prisão de Hogshire, tornando impossível para mim reivindicar que o crime prescrevera. Do ponto de vista dos indícios, meu artigo era uma fogueira de autoincriminação.

A decisão de seguir em frente ou não era minha, concluiu meu consultor, mas ele não podia, como meu advogado, recomendar a publicação.

Fiquei perplexo. Sentado em minha sala de estar, no sofá da nossa família, de repente me senti metamorfoseado em outro tipo de ser: um réu, e um praticamente já condenado. A decisão diante de mim parecia óbvia: eu seria um idiota se publicasse o artigo e colocasse em risco não só a minha liberdade, mas também a nossa casa.

O problema é que aquele não era qualquer artigo. Eu tinha passado a maior parte do ano trabalhando nele e, na condição de redator freelancer, eu contava com o pagamento. Mas, antes mesmo de os advogados pegarem suas coisas e voltarem para Bridgeport, pude ver todo aquele esforço e renda escorrendo pelo ralo da minha estupidez. *O que eu tinha na cabeça?*

Mas é óbvio que a história não termina assim, já que acabei publicando o texto, ou ao menos a maior parte dele. Quando ficou sabendo do conselho do advogado e da minha reação a ele, Rick MacArthur ficou indignado. É importante entender que Rick não é um editor de revista típico, aquele com olho fixo nos resultados financeiros e aversão a conflitos. Rick é feroz em sua devoção à liberdade de imprensa e seu tropismo o inclina na direção da brilhante luz da controvérsia em vez de para longe dela. A recomendação de seu amigo advogado para suprimir um artigo jornalístico por qualquer motivo era uma afronta ao seu próprio ser.

A resposta imediata de Rick?

Vamos arranjar outro advogado!

Agora, em vez de um criminalista, Rick contratou um dos mais renomados constitucionalistas de Nova York. Victor Kovner havia representado escritores conhecidos, cineastas e veículos de comunicação, com frequência defendendo-os dos esforços do governo para reprimir seu trabalho. Victor leu o mesmo manuscrito que o advogado de Bridgeport, mas chegou à conclusão oposta. Não me lembro de quais foram suas palavras exatas, mas me lembro de ter ouvido: "Este artigo *precisa* ser publicado para o bem da nação!" Ele achava improvável que o governo fosse atrás de uma revista tão conhecida e venerada quanto a *Harper's Magazine*. Na opinião dele o artigo deveria ser lido não como a confissão de um crime, mas, em vez disso, como um comentário político sobre a guerra às drogas, o tipo de comentário que a Primeira Emenda existe justamente para proteger. Juntos, Kovner e MacArthur me convenceram de que minhas preocupações — com minha liberdade e minha casa! — eram provincianas quando comparadas com o interesse público em risco. Na verdade, os dois pareciam doidos por uma briga.

O que fazer? Eu estava muito dividido. Queria muito publicar um artigo do qual me orgulhasse e — o não menos importante — ser pago por ele. Talvez o advogado de Connecticut tivesse exagerado e falhado em pesar o cálculo político de que o governo seria tolo em ir atrás de nós. Mas eu, como jornalista, não deveria olhar um pouco além da minha própria segurança e considerar minimamente as violações à Primeira Emenda que estavam em jogo aqui?

Pressionei Rick para ver até onde ele e a revista iriam para me defender caso algo acontecesse. Em resposta, ele fez com que Kovner redigisse uma carta-acordo, que se destaca como um dos contratos mais incomuns já concedidos a um jornalista por um editor. Se alguma coisa acontecesse comigo como resultado da publicação do artigo, a *Harper's Magazine* se comprometeu a "defender, indenizar e isentar o autor de e contra todos e quaisquer custos, despesas e perdas de qualquer tipo". Isso incluía não apenas pagar pela minha defesa (e prometer não fechar qualquer acordo com a promotoria sem o meu consentimento), como também me ressarcir pelo tempo gasto me defendendo. Se eu perdesse o caso e fosse preso, a *Harper's Magazine* se comprometeu a pagar um salário a Judith até que eu estivesse em liberdade, bem como a arcar com quaisquer multas ou penalidades. E, se o governo confiscasse nossa casa e o terreno, a *Harper's Magazine* se comprometeu a comprar para nós uma nova casa similar. O acordo era tranquilizador, mas também assustador de ler: todas aquelas contingências podiam de fato acontecer.

Perguntei a Kovner se havia algo que eu pudesse fazer para me proteger caso, de fato, estivesse disposto a ir frente com aquilo. Ele sugeriu que havia dois trechos no artigo que tinham maior probabilidade de irritar o governo e que se eu ficasse confortável com o corte, retirá-los reduziria a probabilidade de um processo. Pelo que me lembro, ele citou Estados Unidos *versus* Progressive Inc., um caso de 1979 em que o governo tentou impedir a revista *The Progressive* de publicar um artigo contendo instruções para fazer uma bomba de hidrogênio, embora as instruções fossem baseadas em documentos disponíveis ao público em geral.* Ao publicar uma receita para fazer chá de papoula e, em seguida, descrever seus efeitos em termos no geral positivos, eu seria visto como um insulto ao governo, além de instruir os possíveis plantadores de ópio; na opinião de Kovner, isso aumentava a probabilidade de o governo se sentir obrigado a tomar alguma providência. A remoção desse trecho minimizaria o risco, pensava ele, uma vez que o artigo estaria, então, de fato, servindo ao propósito da DEA: intimidar pessoas como eu para que não divulgassem a receita do chá de papoula e descrevessem seus efeitos. Kovner também achava que um réu que não tivesse experimentado a droga em questão seria mais simpático aos olhos de um júri. Mas seu ponto principal era o de que, se eu estivesse disposto a cortar os trechos ofensivos, poderia reduzir minha exposição a "insignificante".

Então foi isso que, depois de consultar Judith e agonizar por vários dias, decidi fazer. Cortei a receita e o "relatório da viagem" e, antes de a revista ir para a gráfica, eu me certifiquei de remover esses trechos, junto com qualquer outra evidência potencial, da minha propriedade e do meu computador. Mas, antes de apagá-lo do HD, salvei a versão integral do artigo em um disquete e deixei com meu cunhado, advogado, por

---

* O governo no fim desistiu do processo durante os recursos, declarando o assunto discutível depois que muitas informações contidas no artigo se tornaram públicas. (N. do A.)

segurança. Por quê? Porque eu não suportaria destruí-lo. Talvez um dia, pensei, quando a guerra às drogas e suas sanções terminassem, eu fizesse algo com o texto.

Aqui estão os trechos cortados, seguidos pela seção final do artigo como publicada em 1997.

8.

Era fim do outono quando enfim colhi minhas papoulas. Elas já tinham secado em seus caules, formando casulos de sementes enrugados do tamanho de uma noz.

De acordo com James Duke, pesquisador aposentado do Departamento de Agricultura com quem conversei, eu tinha perdido uma oportunidade farmacológica por não ter colhido as vagens ainda frescas e cheias de seiva, ou ópio. Duke sugeriu que o álcool seria um solvente melhor do que a água quente para extrair os alcaloides das papoulas, o que fazia sentido: láudano é o nome de uma tintura de ópio similar. "É possível obter o equivalente a uma injeção de heroína de uma boa cápsula verde dissolvida em um copo de vodca", disse Duke. Eu me perguntava por que as receitas de Hogshire se concentravam no chá de papoula, excluindo as preparações à base de álcool, e então me lembrei de algo que ele tinha me dito: Hogshire era muçulmano e, portanto, abstêmio.

Ao examinar as vagens em meu jardim, vi que as minúsculas aberturas em torno da antera no topo de cada uma haviam desabrochado, liberando suas sementes ao vento.

Essas aberturas se pareciam com as pequenas janelas de observação em torno da coroa da Estátua da Liberdade. A essa altura, as sementes provavelmente já tinham se espalhado por todo o meu jardim e nasceriam sozinhas, na próxima primavera. Se não quisesse papoulas de ópio na próxima estação, teria que arrancar diligentemente todas as flores semeadas por essas voluntárias.

Tirei meia dúzia de vagens de seus caules e as levei para a cozinha. Embora muitas sementes tivessem se dispersado, a maioria se manteve e as vagens faziam um som de chocalho a cada movimento. Seguindo a receita de Hogshire, sacudi o restante das sementes (havia centenas em cada vagem, variando de cor entre bege, lilás e preto) e esmaguei as vagens na mão. Coloquei os pedaços na tigela de um moedor de café, que em poucos segundos as reduziu ruidosamente a um pó fino e pardo. Fervi uma chaleira com água e reguei o chá seco em uma caneca, mexi a mistura de cor castanha e deixei em infusão. O aroma não era nem um pouco desagradável; cheirava a feno, não muito diferente do chá-preto chinês lapsang souchong. Todo o procedimento era tão direto, tão doméstico em seus detalhes, que não parecia mais controverso do que fazer molho pesto ou chá de erva-cidreira, duas operações de colheita igualmente simples que eu realizara naquela semana. Não senti a menor falta de um Ph.D.

Quinze minutos depois, passei o chá por um filtro, no fundo do qual se depositou uma pasta viscosa marrom. Com as costas de uma colher de sopa, amassei esse material contra a malha do filtro, empurrando as últimas gotas de líquido. O chá estava pronto para beber.

O chá de papoula tem um gosto terrível. É quase tão amargo quanto o ópio cru e, depois que a novidade do sabor passa, é um pouco nauseante. Eu tinha perguntado a James Duke por que ele achava que as papoulas produziam ópio — em outras palavras, qual era seu ganho evolutivo? Alcaloides têm gosto ruim, disse ele; é concebível que as plantas os produzam como uma defesa contra as pragas. "Nenhum animal vai incomodar uma planta com um gosto tão ruim. Portanto, a planta com o pior sabor vai produzir mais descendentes."

Foi difícil tomar a xícara inteira. O chá não só tinha um gosto horroroso, como também provocava uma estranha sensação de saciedade. Em pouco tempo me senti mareado, uma sensação muito parecida com um leve enjoo. Cheguei a me perguntar se seria possível uma overdose de chá de papoula; parecia que o estômago se rebelaria muito antes que eu pudesse ingerir uma quantidade significativa.

Em cerca de dez minutos, comecei a me sentir... diferente. Não muito diferente, não "alto", mas não exatamente o mesmo de dez minutos antes. Lembrando o que Jim Hogshire havia dito sobre as propriedades analgésicas do chá, fiz um inventário das minhas dores e incômodos físicos diários — a rigidez no pescoço com a qual acordei, as irritações nasais e na garganta de uma temporada de rinite particularmente ruim, a costumeira dor nos nós dos dedos depois de muitas horas no teclado do computador — e descobri que todos esses sintomas haviam, se não desaparecido por completo, ficado abaixo do limite da minha atenção. Eram sensações desprezíveis. Então decidi que seria uma boa ideia avaliar meu humor e concluí que ele estava muito bom. Nada que eu descreveria como eufórico, mas fato é que eu me sentia impregnado de corpo e mente por uma sensação distinta de bem-estar; as palavras "caloroso" e "aquoso" estão em minhas anotações. Não tenho certeza se era o modo de auto-observação em que me coloquei, mas a postura mental de me manter apenas um pouco afastado de mim, avaliando friamente minhas sensações e humores, de repente me pareceu a coisa mais natural do mundo. Senti como se estivesse quase, mas não totalmente, tendo uma experiência em terceira pessoa.

Hogshire havia dito que o chá "pode fazer a tristeza ir embora", e agora eu entendia por que ele havia empregado essa frase específica. O chá de papoula não parecia acrescentar nada de novo à consciência, da forma que fumar maconha pode produzir sensações e emoções novas e inesperadas; em comparação, ele parecia subtrair aspectos: ansiedade, melancolia, preocupação, pesar. Como o opiáceo que é, ou de que é composto, o chá de papoula é um analgésico em todos os sentidos. Em minhas anotações, escrevi "definitivamente alivia a carga existencial".

Crente de que seria inutilizado pelo chá — sempre fui muito suscetível às drogas, e os opiáceos costumam ser considerados soporíferos —, escolhi para meu experimento uma tarde em que teria poucas tarefas. E durante a primeira hora, sentado à minha escrivaninha avaliando seus efeitos, senti uma necessidade poderosa de fechar os olhos — não por sonolência, mas por uma sensação radical, e de forma alguma desagradável, de passividade. Eu simplesmente não precisava ter todas aquelas informações visuais. Meus sentidos estavam funcionando normalmente, mas eu não tinha vontade de agir com base nos dados que me forneciam. A certa altura, lembro-me de ficar arrepiado, mas não me importei em fechar a janela ou vestir um suéter. Vou ficar sentado aqui mais um pouco, se estiver tudo bem. "É como sentar na varanda da própria consciência, vendo o mundo passar", escrevi, de forma um tanto enigmática.

Mas descobri que podia pensar com nitidez — contanto que pensasse em uma coisa de cada vez. De Quincey disse que achava a leitura uma atividade agradável enquanto comia ópio, e por um tempo li um livro com perfeita concentração. Mas, durante a segunda hora, percebi que estava me sentindo enérgico, determinado até. Fiquei com vontade de deixar a varanda da consciência e ir para o jardim cuidar de algumas tarefas.

Aquele seria, eu decidira de antemão, um experimento único, e eu sabia que o quanto antes eu começasse a remover as papoulas do meu jardim, melhor. Comecei a puxar os caules das que já estavam murchas, mas não tinha certeza do que fazer com aquela colheita de flores mortas, com aquelas evidências. Tinha lido que a polícia não precisava mais de mandado de busca para revistar o lixo das pessoas (outro fruto jurídico da guerra às drogas), então jogá-las fora com o lixo doméstico estava fora de questão. Por fim, decidi colocá-las na composteira; na primavera, elas seriam indistinguíveis de cabeças de girassol em decomposição, maço de brócolis, cascas de ovo e restos de comida na pilha de material orgânico no canto da minha horta.

9.

Enquanto recolhia os caules de papoula, refleti sobre a colheita incomum da estação. O orgulho é uma emoção bastante comum entre os jardineiros nesta época do ano — isso e um espanto contínuo com o que é possível criar, praticamente do nada, em um jardim. Ainda fico maravilhado a cada verão com a conquista de uma rosa Bourbon ou mesmo de um tomate Ponderosa; ou seja, com como um jardineiro é capaz de fazer a natureza produzir algo tão especificamente atraente para o olho, nariz ou papila gustativa humanos. Foi o que aconteceu com essas papoulas surpreendentes: como pode um grão de semente tão inconsequente gerar em meu jardim uma flor com a capacidade de aliviar a dor, alterar o estado de consciência, "fazer a tristeza ir embora"?

Eis a explicação científica: os alcaloides no ópio consistem em moléculas complexas, quase idênticas às moléculas que nosso cérebro produz para lidar com a dor e se autorrecompensar com prazer, embora isso me pareça uma daquelas explicações técnicas que só complicam o mistério que pretendiam resolver. Porque quais as chances de uma molécula produzida por uma flor globalmente disseminada acabar por conter a chave para desbloquear o mecanismo fisiológico que rege a economia do prazer e da dor em nosso cérebro? Há algo de milagroso nessa correspondência entre a natureza e a mente, embora também deva existir uma explicação. Talvez seja o resultado de um simples acidente molecular, mas parece mais provável que seja o resultado de um pouco disso e de um processo evolutivo concomitante: uma teoria defende que a evolução da *Papaver somniferum* foi diretamente influenciada pelo prazer, e pelo alívio da dor, que ela oferecia a um certo primata com talento para horticultura e experimentos. As flores que deram mais prazer foram as que produziram mais descendência. Não tão diferente do que aconteceu no caso da rosa Bourbon ou do tomate Ponderosa, duas outras plantas cuja evolução foi guiada pela mão do interesse humano.

Houve um segundo espanto que registrei naquela tarde de outono, esse um pouco mais sombrio. Enquanto jogava meus caules quebrados na composteira e os revolvia com o rastelo, pensei no que poderia significar dizer que aquela planta era "ilegal". Alguns meses atrás eu havia começado com uma semente não mais criminosa do que a de um tomate (na verdade, elas chegaram no mesmo envelope) e, depois de plantá-la e regá-la, desbastar, capinar e realizar todos os processos comuns da jardinagem, acabei com uma flor que tornava seu cultivador um criminoso. Sem dúvida uma alquimia não menos incrível do que aquela que havia transformado a mesma semente em um composto químico com o poder de alterar a proporção de prazer e dor no cérebro. No entanto, a segunda transformação não teve qualquer base na natureza. Na verdade, resultou de nada mais do que uma taxonomia jurídica específica, uma classificação de certas substâncias que aparecem na natureza em categorias rotuladas como "lícito" e "ilícito". Qualquer taxonomia desse tipo, sendo o produto de uma cultura, história e contexto político particulares, é uma construção artificial. Não é difícil imaginar como poderia ter sido muito diferente do que é.

Na verdade, já foi, e não faz muito tempo. Não muito longe do meu jardim há uma macieira muito velha, plantada no início deste século pelo fazendeiro que morava aqui, um homem chamado Joe Matyas, que comprou estas terras em 1915. A árvore ainda produz uma pequena safra de maçãs a cada outono, mas elas não são muito boas para comer. Pelo que entendi, Matyas as cultivava com o único propósito de fazer sidra, algo que a maioria dos fazendeiros norte-americanos fazia desde os tempos coloniais; na verdade, até este século, a cidra forte era provavelmente o tóxico mais popular — droga, se preferir — neste país. Não deveria surpreender que um dos símbolos da Women's Christian Temperance Union [União da Temperança das Mulheres Cristãs] fosse um machado; proibicionistas como Carry Nation* costumavam pedir o corte de macieiras como a do meu jardim; plantas que, na opinião delas, representavam a mesma ameaça que um pé de maconha, ou uma flor de papoula, tem aos olhos de, digamos, William Bennett.

Os moradores mais velhos da região dizem que Matyas costumava fazer o melhor *applejack* da cidade — 50% de teor alcoólico, ouvi certa vez. Sem dúvida, um tipo de sidra sujeita a "abusos" e, de 1920 a 1933, sua fabricação era um crime federal sob a Décima Oitava Emenda da Constituição. Durante aqueles anos, Matyas violou uma lei federal toda vez que produziu um barril de sidra. É importante notar que durante o

---

* Caroline Amelia Nation (1846-1911) foi uma ativista radical do movimento da temperança nos Estados Unidos, que exigia controle de bebidas alcóolicas e a implementação da Lei Seca. Nation ficou famosa ao atacar estabelecimentos que vendiam bebidas alcoólicas (tavernas, com mais frequência) com sua machadinha. (N. do E.)

período de histeria antiálcool que levou à Lei Seca, certas formas de ópio eram tão legais e quase tão amplamente disponíveis nos Estados Unidos quanto o álcool é hoje. Diz-se que as integrantes da União da Temperança das Mulheres Cristãs, ao final de um dia de cruzada contra o álcool, relaxavam com seus estimados "tônicos femininos", preparações cujo ingrediente ativo era láudano, ou seja, ópio. Era assim que coisas funcionavam há menos de um século.

A guerra contra as drogas é na verdade uma guerra contra *algumas* drogas; seu status de inimigo é o resultado da combinação de acidente histórico, preconceito cultural e imperativo institucional. A taxonomia em nome da qual essa guerra está sendo travada seria difícil de explicar a um extraterrestre, ou mesmo a um fazendeiro como Matyas. É a qualidade da dependência que torna uma substância ilícita? Não no caso do tabaco, que tenho liberdade para cultivar neste jardim. Curiosamente, a atual campanha contra o tabaco se concentra menos no vício do cigarro do que em sua ameaça à nossa saúde. Então é a toxicidade que torna determinada substância uma ameaça pública? Bem, meu jardim está cheio de plantas — *Datura* e *Euphorbia*, mamona e até as folhas do meu ruibarbo — que me deixariam doente e poderiam me matar se eu as ingerisse, mas o governo confia em mim para tomar cuidado. É, então, a perspectiva do prazer — do "uso recreativo" — que coloca uma substância além dos limites da lei? Não no caso do álcool: posso produzir legalmente vinho, sidra e cerveja de minha horta para uso pessoal (embora existam regulamentos regendo sua distribuição a terceiros). Então poderiam ser as propriedades "alteradoras do estado da mente" de uma droga que a tornam maligna? Não no caso do Prozac, um medicamento que, assim como o ópio, imita compostos químicos produzidos pelo cérebro.

Por mais arbitrária que a guerra às drogas possa ser, a batalha contra a papoula é sem dúvida sua frente mais excêntrica. Os mesmíssimos compostos químicos em outras mãos — as de uma empresa farmacêutica, digamos, ou as de um médico — são tratados como a bênção para a humanidade que de fato são. Contudo, embora o valor medicinal de minhas papoulas seja amplamente reconhecido, não seguir a série de regulamentações (as de que apenas uma empresa farmacêutica pode manusear essas flores e que apenas um médico pode administrar seus extratos) e respeitar a série de preconceitos (que alcaloides refinados são superiores aos produzidos domesticamente) que governam sua produção e uso faz de mim não apenas um canalha, como também um criminoso.

Algum dia, talvez nos cause espanto o poder que conferimos a essas categorias, algo que parece desproporcional. Talvez um dia o governo não se importe se eu quiser fazer uma xícara de chá de papoula para curar uma enxaqueca, assim como hoje não se importa se eu fizer uma xícara de chá de valeriana (um tranquilizante feito com raízes de *Valeriana officinalis*) para me ajudar a dormir, ou mesmo se eu quiser fazer um litro de cidra de maçã com o propósito expresso de me embebedar. Afinal, não faz muito tempo que a situação da maçã e da papoula neste país se inverteram.

Enquanto me certificava de que os caules estavam bem enterrados sob camadas de composto, perto o suficiente do calor no centro da pilha para torná-los irreconhecíveis, pensei em como pouca coisa mudou em meu jardim desde que Joe Matyas cuidou dele durante a Lei Seca, um tempo que corretamente consideramos como obscuro — e erroneamente como história antiga. No mínimo, aqueles de nós que vivenciam a guerra às drogas vivem em tempos ainda mais estranhos, em que certas plantas foram banidas de nossos jardins sem nenhuma ponderação pelo que poderíamos ou não estar fazendo com elas. A Lei Seca nunca proibiu as macieiras de Joe Matyas (nem ameaçou esta propriedade com confisco); foi só quando fez sua sidra que Matyas cruzou a linha.

Mas lá estava, naquela época tanto quanto agora, uma linha no meio deste jardim. Graças a duas cruzadas nacionais contra certas drogas que podem ser facilmente produzidas nesse espaço, tanto o jardim quanto eu encontramos uma maneira de violar a lei federal sem nem mesmo exceder os limites da propriedade e ameaçamos nossa liberdade pessoal simplesmente por exercê-la. Além de habitar este canto específico do planeta, Matyas e eu presumivelmente tínhamos algumas outras coisas em comum. São elas, por exemplo, o desejo de, às vezes, alterar a tessitura da consciência, embora eu me pergunte se tal desejo não seria universal. E há outra coisa: a recusa em aceitar que o que acontece em nossos jardins, para não mencionar em nossas casas, nossos corpos e nossas mentes, seja da conta de ninguém, exceto nossa. Quinze anos atrás, quando me mudei para este lugar, alguns dos anexos em ruínas que pontilhavam a propriedade ainda traziam avisos grosseiramente escritos e dirigidos, eu gostava de pensar, aos temidos "fiscais" e a qualquer outra pessoa que o velho fazendeiro julgasse uma ameaça à sua privacidade — à sua liberdade. NÃO ENTRE!, dizia um deles, um rabisco raivoso pintado de vermelho na lateral de um galpão. Exatamente o que eu sinto.

Epílogo

VOCÊ PROVAVELMENTE ESTÁ SE perguntando o que aconteceu depois que o artigo foi publicado. Passei algumas semanas ansiosas esperando por algum desdobramento, mas ou o governo nunca teve acesso a ele (algo improvável tendo em vista o que aconteceu com o livro obscuro de Hogshire), ou o cálculo político de Kovner estava correto e o governo decidiu que tinha mais a perder do que a ganhar vindo atrás de nós. Se a repressão à produção doméstica de ópio pretendia ser discreta, visando interromper a atividade sem alertar ninguém, uma batalha barulhenta contra uma revista de circulação nacional com certeza minaria a estratégia. Mas, é evidente, tudo isso não passa de especulação: quem sabe o que eles estavam pensando, supondo que tenham prestado atenção ao assunto?

E quem sabe meu ato de autocensura tenha feito diferença? Comecei a me arrepender de ter cortado os trechos, mas só depois que o medo e a paranoia que se apoderaram de mim naquele ano diminuíram. Não é preciso coragem para publicar as páginas ofensivas agora; meus crimes prescreveram anos atrás. O único problema em publicar as páginas que faltavam agora era encontrá-las.

Pensei tê-las deixado sob a custódia de meu cunhado; mas, quando perguntei por elas recentemente, ele afirmou ter devolvido os arquivos para mim há muitos anos. Eu não me lembrava de ter recebido o material de volta, mas, ao fazer uma busca séria entre os meus papéis, encontrei — em uma caixa guardada embaixo do sofá-cama em meu estúdio em Cornwall — uma pasta de documentos à moda antiga contendo algumas provas do artigo enviadas por fax, alguns memorandos jurídicos, rascunhos da carta de indenização da *Harper's Magazine* e um único disquete roxo: um Zip Drive. Eu tinha esperanças de que fosse ele o recipiente, mas me faltava uma máquina capaz de ler aquele formato obsoleto.

Depois de perguntar por aí, soube de um consultor de informática em uma cidade vizinha chamado David Maffucci, conhecido por ser um mago nesse tipo de coisa. Quando telefonei para Dave, ele me disse que tinha um porão cheio de "mídias antigas" e que poderia ter algo capaz de ler o meu disquete, desde que não estivesse muito deteriorado. Deixei o disquete na loja dele e, dias depois, Dave me ligou dizendo que tinha encontrado a máquina certa e que o conteúdo estava intacto e legível. Ele copiou as informações para um pen drive. Encontrei ali uma dúzia de arquivos de Word relacionados ao artigo, e um deles era promissoramente intitulado "cópia do rascunho 11-1". Tinha que ser os trechos cortados.

Mas havia um problema: a versão do Word da época não abria arquivos tão antigos. Felizmente, Dave mais uma vez achou uma solução alternativa. Ele me indicou um software gratuito que eu podia baixar na internet, o LibreOffice. O

LibreOffice completou a missão e lá estava ele: o primeiro rascunho completo com a receita e o relatório de viagem que você acabou de ler, palavras que eu não via há 24 anos.

Se há uma lição para essa parte da história, é a de que a melhor maneira de salvar informações por mais alguns bons anos não é usando tecnologia digital, mas papel alcalino.

"Ópio, facilitado", como a *Harper's Magazine* intitulou a versão que publicou, até onde eu saiba, não lançou uma moda nacional para a produção caseira de ópio. Ouvi anedoticamente que as vendas de sementes de *Papaver somniferum* foram extraordinariamente altas no ano seguinte, embora não fosse fácil encontrá-las nos catálogos; várias empresas abandonaram a flor ou mudaram o nome pelo qual ela era vendida após a pressão da DEA.

Mas seja lá o que a DEA estivesse pensando em 1996 e 1997, o governo não se deu conta do que de fato estava acontecendo com o ópio, como, de fato, eu também não. Enquanto ficamos presos nessa escaramuça remota e ridícula na guerra às drogas, a droga em questão entrava silenciosa e legalmente nos corpos de milhões de norte-americanos, já que a Purdue Pharma continuou sua campanha de marketing, semeando em nossa cultura a sedutora desinformação a respeito da segurança do OxyContin. Há uma parábola que fala sobre a diferença entre jornalismo e história. O que pode parecer "a história" no momento presente pode, na verdade, ser uma distração dela, um objeto brilhante que nos impede de ver a verdadeira face do que de fato está acontecendo sob a superfície de nossa atenção, o que afetará de forma mais profunda a vida das pessoas no futuro. Ela acaba resumindo muito bem a guerra às drogas em si, que, além de tanto fazer para erodir nossas liberdades e encher nossas penitenciárias, serviu para nos distrair do cálculo do verdadeiro tributo cobrado pelos opiáceos que por acaso classificamos como legais.

Mencionei anteriormente que não se ouve mais tanto sobre a guerra às drogas. Hoje há muitos esforços para desfazer alguns dos danos provocados por ela e descriminalizar algumas das plantas que foram demonizadas, embora até o movimento Descriminalize a Natureza, que busca isentar juridicamente os "remédios vegetais" ilícitos, não cite o ópio, tal é o estigma que a crise dos opioides impregnou naquela flor e em seu remédio. Mas embora hoje seja amplamente reconhecido que a guerra às drogas foi um fracasso, a julgar pelo número de prisões por violações das leis antidrogas, estamos basicamente com o mesmo quadro de 1997: 1.247.713 prisões na época; 1.239.909 em 2019. Se a guerra acabou, a polícia e a DEA pelo visto ainda não receberam o memorando.

Quanto aos Sackler e sua empresa criminosa, pelo menos uma pequena parcela de justiça foi feita. Em 2020, a família fechou um acordo com o Departamento de Justiça, segundo o qual se declarou culpada das acusações e concordou em pagar 8,3 bilhões de dólares em penalidades. No início de 2021, os Sackler propuseram um adicional de 4,275 bilhões de dólares para indenizar estados, municípios e povos pelos custos incorridos pela epidemia e para compensar as famílias das vítimas, as centenas de milhares de pessoas que morreram por overdose de opioides desde a introdução do OxyContin no mercado, em 1996. É lamentável que, graças às proteções proporcionadas pelas leis de falências e a engenhosidade de advogados e contadores, possa levar anos para que qualquer uma dessas famílias veja um centavo.

E quanto a Jim Hogshire? Conseguiu evitar a prisão e escapou com pagamento de multa, serviço comunitário e um ano de liberdade condicional. Nos anos que se seguiram, Hogshire parece ter enfrentado tempos difíceis, mas não posso dizer se isso resulta de seu embate com a guerra às drogas. Ele não parece ter publicado nada desde os anos 1990. A última menção a ele na imprensa que encontrei datava de 2014, quando ele foi entrevistado para um artigo sobre pessoas que moram em seus carros nas ruas de Seattle, sob a ameaça de terem suas "residências" apreendidas por multas de estacionamento não pagas. Jim e Heidi estavam morando em um trailer estacionado na rua; sua batalha agora não era com a DEA, mas com os fiscais do estacionamento regulamentado. Hogshire disse ao repórter: "Este é o último estágio antes de você se tornar de fato sem-teto."

CAFEÍNA

Talvez a frase de abertura não seja o melhor lugar para admitir isso, no exato momento em que você está decidindo se vai me conceder uma ou duas horas de atenção, mas, no meio da pesquisa para esta história, tive uma crise que me fez duvidar que o assunto fosse interessante, até para mim, dono da ideia supostamente brilhante. Comecei a duvidar que um longo artigo sobre cafeína valesse o tempo e o esforço necessários para relatar e escrever, e me perguntei como, em algum momento, eu tinha pensado o contrário. Eu estava em apuros. *Nós* estávamos. Embora você tenha opção, eu não tinha: você, ao menos, pode parar de ler agora.

Antes dessa crise, eu vinha me arrastando alegremente, conduzindo entrevistas, lendo incontáveis livros de ciência (descobri que a cafeína é um dos compostos psicoativos mais estudados que existe) e história (cujo curso foi mudado de forma decisiva no Ocidente pela introdução da cafeína); viajando para a América do Sul para visitar uma fazenda de café; provando todos os tipos de bebidas com cafeína, quando de repente, como o Coiote no desenho do Papa-Léguas, por acaso olhei para baixo e percebi que não havia mais estrada sob meus pés, apenas uma vasta extensão vazia de inutilidade até onde a vista alcançava. *O que diabos eu estava fazendo?*

Ou talvez fosse mais preciso perguntar: o que eu *não* estava fazendo? Porque algo estava acontecendo comigo na época que com certeza tem relação com a perda de interesse nesse projeto: eu havia parado de consumir cafeína. Abrupta e completamente.

Depois de anos tomando uma xícara grande de café pela manhã, seguida de várias de chá-verde durante o dia, e o ocasional cappuccino depois do almoço, larguei a cafeína e estava passando pela crise de abstinência. Não era algo que eu realmente quisesse fazer, mas cheguei à relutante conclusão de que a apuração em curso exigia isso. Vários dos especialistas que eu estava entrevistando sugeriram que não seria possível entender o papel da cafeína na minha vida — seu poder invisível, mas penetrante — sem me abster dela e, em seguida, presumivelmente, voltar a consumi-la. Roland Griffiths, um dos principais pesquisadores mundiais de drogas que alteram o humor, e o principal responsável pela inclusão do diagnóstico de "abstinência de cafeína" no Manual Diagnóstico e Estatístico de Transtornos Mentais (ou o DSM-5), a bíblia dos diagnósticos psiquiátricos, me disse que não havia começado a entender a própria relação com a cafeína até que parou de consumi-la e conduziu uma série de autoexperimentos. Ele me incentivou a fazer o mesmo.

A ideia é que não é possível descrever o veículo que estamos dirigindo sem primeiro parar, sair e dar uma boa olhada nele pelo lado de fora. É provável que isso se aplique a todas as drogas psicoativas, mas é especialmente verdadeiro no caso da cafeína, uma vez que a qualidade particular de consciência que ela promove no usuário regular parece normal e transparente, em vez de alterada ou distorcida. Na verdade, para a maioria de nós, ter certa quantidade de cafeína no organismo, em grau maior ou menor, se tornou o patamar normal da consciência humana. Cerca de 90% dos seres humanos ingerem cafeína com regularidade, o que faz dela a droga psicoativa mais usada no mundo e a única que oferecemos às crianças (em geral na forma de refrigerante). São raras as pessoas que pensam na cafeína como uma droga, e mais raras ainda as que veem nosso uso diário como um vício. Sua ingestão é tão difundida que é fácil ignorar o fato de que ter cafeína no organismo não é um patamar normal de estado de consciência, mas, na verdade, um estado alterado. Por acaso é um estado que praticamente todos nós compartilhamos, o que o torna invisível.

Portanto, decidi que, para o bem do artigo — ou seja, por *você*, caro leitor —, faria uma autoexperiência de abstinência. Mas o que jamais me ocorreu ao começar o experimento é que, ao abandonar a cafeína, estaria minando minha capacidade de contar a história da cafeína, um nó que não sabia ao certo como desatar.

Talvez eu devesse ter previsto o problema. Os cientistas explicaram, e eu observei, os previsíveis sintomas da abstinência de cafeína: dor de cabeça, fadiga, letargia, dificuldade de concentração, diminuição da motivação, irritabilidade, angústia intensa, perda de confiança (!) e disforia, que é o exato oposto de euforia. Eu tinha todos eles, em um grau ou outro, mas, sob a rubrica enganosamente branda de "dificuldade de concentração", esconde-se nada menos do que uma ameaça existencial ao trabalho do escritor. Como esperar escrever algo quando é impossível se concentrar? Eis o curso de ação de praticamente todos os escritores: pegue a multiplicidade do mundo e nossa experiência nele, *literalmente* concentre-as em proporções administráveis e, depois, force isso pelo buraco da agulha gramatical, palavra por palavra. É um milagre que alguém sequer consiga tal proeza intelectual, ou ao menos é o que parece depois de três dias de abstinência de cafeína. Mas antes mesmo que possa esperar mensurar e enfrentar esse penhasco de impossibilidade, o escritor precisa reunir a confiança — o senso de ação e poder — necessária para prosseguir. Pouco importa se é uma ilusão, mas a sensação de que você tem na mão uma história que o mundo precisa ouvir, e que só você tem o que é preciso para contá-la, é exatamente o que você precisa para contá-la. Perdoe a metáfora masculina, mas muita coisa depende dessa tumescência mental. Descobri que ela, por sua vez, depende em grande parte da 1,3,7-trimetilxantina, a minúscula molécula orgânica conhecida pela maioria de nós como cafeína.

O PRIMEIRO DIA DA minha abstinência, que começou no dia 10 de abril, foi de longe o mais desafiador, a ponto de a perspectiva de escrever, ou mesmo só ler, se mostrar inútil. Eu havia adiado esse dia sombrio o máximo que pude, inventando as desculpas que todo viciado inventa. "Essa semana vai ser estressante", dizia para mim mesmo. "Acho que esse não é o melhor momento para largar o café." Mas é óbvio que nunca haveria um "bom momento" para fazê-lo — sempre havia um motivo pelo qual eu tinha que estar focado e não podia ter os sintomas "de gripe" que os pesquisadores haviam dito que me aguardavam. "Quero fazer isso direito", como o cantor country Gillian Welch cantarolava, "mas não agora". E agi assim, dia após dia. A procrastinação no início de qualquer projeto de escrita não é algo incomum para mim, mas essa durou semanas. Uma hora, porém, eu me vi encurralado pelo fato de que não havia mais apuração a ser feita e tudo que restava entre mim e a escrita era parar de tomar café — o ato que tornaria a escrita impossível.

Escolhi uma data e decidi respeitá-la.

Então a manhã do dia 10 de abril, uma quarta-feira, chegou. De acordo com os pesquisadores que entrevistei, o processo de abstinência havia começado à noite, enquanto eu dormia, durante a região do "vale" no gráfico dos efeitos diurnos da cafeína. A primeira xícara de chá ou café do dia deve seu poder — *sua alegria!* — menos às suas propriedades de promover euforia e estímulo do que ao fato de estar suprimindo os primeiros sintomas da abstinência. Isso é parte do lado traiçoeiro da cafeína. Seu modo de ação, ou "farmacodinâmica", se encaixa perfeitamente aos ritmos do corpo humano; a xícara de café matinal chega bem a tempo de barrar a angústia mental iminente convocada pela xícara de café do dia anterior. Todos os dias a cafeína se coloca como solução ideal para o problema que ela mesma cria. Brilhante!

Meu ritual matutino com Judith — depois do desjejum e exercícios em casa — envolve uma "caminhada até o café" de oitocentos metros, como os corretores de imóveis gostam de dizer hoje em dia. Por alguma razão nunca fazemos café em casa. Em vez disso, compramos uma xícara no Cheese Board, uma padaria e queijaria local, e bebemos no copo de papelão aninhado em sua cinta de papelão quentinha. (Nada ecológico, eu sei.) Esperando me enganar, fiz questão de manter tudo igual no ritual da manhã — a caminhada rua abaixo e uma bebida quente aninhada num copo de papel — exceto que quando cheguei ao caixa me forcei a pedir um chá de hortelã em vez do meu copo grande meio descafeinado. (Sim, eu era relativamente chato no meu consumo de cafeína.) Depois de anos do "de sempre", o barista estranhou meu pedido. "Tentando parar", expliquei, me desculpando.

Naquela manhã, a adorável dispersão da lentidão mental que a primeira dose de cafeína traz para a consciência não chegou. A lentidão se instalou em mim e não ia embora. Não que eu me sentisse mal — nunca tive uma dor de cabeça séria —, mas durante todo o dia fiquei envolto em uma certa névoa, como se um véu tivesse se colocado entre mim e a realidade, um tipo de filtro que absorvia alguns comprimentos de onda de luz e som. Escrevi no meu caderno: "A consciência parece menos transparente do que o normal, como se o ar estivesse mais denso, e também parece mais lenta, incluindo a percepção." Consegui trabalhar um pouco, mas distraído. "Eu me sinto como um lápis sem ponta", escrevi. "Os acontecimentos periféricos invadem e não podem ser ignorados. Não consigo me concentrar por mais de um minuto. É assim que é ter TDAH?"

Ao meio-dia eu estava de luto pela morte da cafeína na minha vida por um período indeterminado de tempo. Sentindo *muita* falta daquilo que Judith chama de sua "xícara de otimismo"; a mesma xícara que Alexander von Humboldt, o grande naturalista alemão, chamou de "sol concentrado". (Humboldt tinha um papagaio chamado Jacob que só sabia dizer uma coisa: "Mais café, mais açúcar.") Embora àquela altura eu tivesse me contentado com muito menos do que otimismo. "Do que sinto falta", escrevi, "não é nada parecido com um estado de intoxicação ou euforia, apenas a simples dádiva do meu eu normal da consciência diária. Essa é a minha nova consciência? Meu Deus, tomara que não".

No decorrer dos dias seguintes definitivamente comecei a me sentir melhor — o véu foi retirado —, mas ainda não era eu mesmo e o mundo não voltou ao normal. No fim da semana cheguei ao ponto em que achava que já não podia mais culpar a abstinência de cafeína pelo meu estado mental (e pelos resultados decepcionantes no trabalho); contudo, neste novo normal o mundo ainda parecia mais chato para mim. Eu parecia chato também. As manhãs eram a pior parte. Passei a ver como a cafeína é essencial para o trabalho diário de nos recompormos após o desgaste da consciência durante o sono. Essa recomposição de si — o processo de apontar diariamente nosso lápis mental — demorava muito mais tempo do que o normal e nunca pareceu completa. Comecei a pensar na cafeína como um ingrediente essencial para a construção do ego. O meu agora estava com deficiência desse nutriente, o que talvez explique por que a ideia de escrever este artigo — na verdade, de algum dia voltar a escrever — me parecia impossível.

* * *

ATÉ AQUI FALEI SOBRE uma substância química — a cafeína —, mas é evidente que estamos na verdade nos referindo a uma planta, ou, neste caso, a duas: *Coffea* e *Camellia sinensis* (também conhecida como chá), que, ao longo de sua evolução, descobriram como produzir uma substância química que vicia a maior parte da espécie humana.* É uma conquista surpreendente, e embora essa não fosse a intenção das plantas ao inventar a molécula — não existe intenção no processo evolutivo, apenas muitas tentativas cegas que acabam produzindo uma adaptação tão boa que sua recompensa é extraordinária —, uma vez que ela encontra o caminho até cérebro humano, os destinos dessas espécies de plantas e desta espécie animal foram alterados de modo significativo.

A adaptação se provou engenhosa a ponto de permitir que essas plantas expandissem de forma descontrolada seus habitats e quantidades. No caso da *Coffea*, cuja distribuição antes se limitava a alguns cantos da África Oriental e sudeste da península Arábica, seu apelo à nossa espécie permitiu-lhe circum-navegar o planeta, colonizando uma ampla faixa de território, sobretudo no planalto tropical, que vai da África ao Leste Asiático, Havaí, América Central e do Sul, e agora cobre mais de 27 milhões de acres. O caminho da *Camellia sinensis* a levou desde suas origens no sudoeste da China (perto dos atuais Mianmar e Tibete) até o oeste da Índia e leste do Japão, colonizando mais de 10 milhões de acres. Essas são

---

* Algumas outras poucas plantas também produzem cafeína, apesar de em quantidades menores, incluindo a cola, o cacau, a erva-mate, o guaraná e o chá-dos-apalaches, que na América do Sul são usadas como fontes de cafeína na ausência de chá e café. (N. do A.)

duas das mais bem-sucedidas plantas do mundo, junto com as gramíneas comestíveis: arroz, trigo e milho. No entanto, em comparação com essas espécies, que ganharam nosso apoio ao suprir de forma admirável a necessidade calórica humana, o passaporte do chá e do café para a dominação mundial envolveu algo muito mais sutil e supérfluo: sua capacidade de mudar o estado de nossa consciência de maneiras desejáveis e úteis. Também ao contrário das gramíneas comestíveis, cujas sementes gordas consumimos praticamente em todas as refeições, tudo o que queremos das plantas do chá e do café são as moléculas de cafeína e alguns sabores característicos que extraímos de suas folhas e sementes. Portanto, tudo o que fazemos com elas é, de modo trivial, aliviar o peso de sua vasta biomassa antes de despejá-la em aterros. Toneladas dessas *commodities* agrícolas, as mais valiosas de todas, são enviadas dos trópicos para as latitudes mais altas, para serem embebidas em água quente e depois irrefletidamente descartadas. Do ponto de vista ecológico, não é um tanto absurdo transportar todas essas folhas e sementes ao redor do mundo apenas para causar uma mudança na água?

O café e o chá tinham as próprias razões para produzir a molécula de cafeína e, como costuma acontecer com os chamados metabólitos secundários produzidos pelas plantas, a ação se destina à defesa contra predadores. Em altas doses, a cafeína é letal para os insetos. Seu sabor amargo pode desencorajá-los a mastigar as plantas. A cafeína também parece ter propriedades herbicidas e inibir a germinação de plantas concorrentes que tentem crescer na zona onde as mudas criaram raízes ou, mais tarde, perderiam suas folhas.

Muitas das moléculas psicoativas que as plantas produzem são tóxicas, mas, como disse Paracelso, a dose faz o veneno. Aquilo que em certa dosagem mata, em outra pode gerar um efeito mais sutil e interessante. A questão curiosa é: por que tantos produtos químicos de defesa produzidos pelas plantas agem como psicoativos em animais em doses não letais? Uma teoria defende que a planta não quer necessariamente matar o predador, apenas desarmá-lo. Como demonstra a longa corrida armamentista entre os insetos e os químicos de defesa de plantas, matar o predador nem sempre é a melhor estratégia, uma vez que a toxina faria uma seleção natural por meio da resistência, tornando-a inofensiva. Ao passo que se só perturbar o inimigo — distraindo-o do jantar, digamos, ou arruinando seu apetite, como muitos compostos psicoativos fazem — você pode se sair melhor, já que vai se salvar enquanto preserva o poder de sua toxina de defesa.

A cafeína, de fato, diminui o apetite e confunde o cérebro dos insetos. Em um famoso experimento conduzido pela NASA na década de 1990, pesquisadores alimentaram aranhas com vários tipos de substâncias psicoativas para ver como isso afetaria sua habilidade de fazer teias. A aranha cafeinada teceu uma teia estranhamente cubista e ineficaz, com ângulos oblíquos, aberturas grandes o suficiente para deixar passar pequenos pássaros e sem a menor simetria ou centro. (A teia era muito mais fantasiosa do que as tecidas por aranhas que consumiam cannabis ou LSD.) Assim como acontece com os seres humanos, os insetos intoxicados também ficam mais propensos a tomar atitudes imprudentes, atraindo a atenção de pássaros e outros predadores que ficarão felizes em fazer o que a planta quer: arrebatar e destruir o inseto que está tropeçando por aí.

A MAIORIA DA VASTA gama de químicos vegetais, ou alcaloides, que as pessoas usaram para alterar a tessitura da consciência é composta por aqueles originalmente selecionados para defesa. No entanto, mesmo no mundo dos insetos, a dose produz o veneno e, se for baixa o suficiente, um químico feito para defesa pode servir a um propósito muito diferente: atrair e garantir a lealdade duradoura dos polinizadores. É o que parece estar acontecendo entre as abelhas e certas plantas produtoras de cafeína, uma relação simbiótica que pode ter algo importante a nos dizer sobre nossa própria relação com essa substância.

A história começa na década de 1990, quando pesquisadores alemães fizeram a surpreendente descoberta de que várias classes de plantas — incluindo não só café e chá, mas também a família *Citrus* e um punhado de outros gêneros — produzem cafeína em seu néctar, uma substância que evoluiu para atrair em vez de repelir insetos. Teria sido um acidente (um vazamento de cafeína de outras partes da planta?) ou uma adaptação um tanto diabólica?

Quando topou com o artigo sobre a pesquisa alemã, Geraldine Wright era uma jovem professora da Universidade de Newcastle, na Inglaterra, uma botânica que se tornou entomologista. "Não fazíamos ideia de por que a cafeína estava no néctar", disse ela. Então, em 2013, Wright, que agora leciona no Departamento de Zoologia da Universidade de Oxford, conduziu um experimento simples e barato para encontrar a resposta. Ela selecionou um punhado de abelhas, as imobilizou em pequenas camisas de força para abelhas e as organizou em uma rede com vários compartimentos sem teto, de modo que apenas as cabeças das abelhas apontassem para cima. Usando um conta-gotas de remédio, Wright alimentou suas abelhas com várias misturas de água com açúcar com e sem diferentes concentrações de cafeína. Cada vez que oferecia a uma abelha uma gota de pseudonéctar, ela liberava uma pequena baforada de cheiro. A ideia era ver com que rapidez as abelhas aprenderiam a associar aquele cheiro a uma fonte de alimento desejável.

"Muito simples, de baixa tecnologia, sem financiamento", disse ela, ao descrever a configuração rudimentar do experimento. Ok, mas como determinar as preferências alimentares de uma abelha? "Isso também é simples", respondeu Wright. "Elas estendem suas partes bucais e a probóscide se quiserem algo."

Wright descobriu que as abelhas tinham maior chance de lembrar do odor associado ao néctar cafeinado do que daquele associado ao néctar apenas açucarado. (Os resultados foram publicados em um artigo na *Science* em 2013 chamado "Caffeine in Floral Nectar Enhances a Pollinator's Memory of Reward" [Cafeína no néctar floral aumenta a memória de recompensa de um polinizador].) Mesmo em concentrações tão baixas e imperceptíveis para as abelhas, a presença de cafeína as ajudou a rapidamente aprender e se lembrar de um odor particular e a favorecê-lo.

Dá para ver por que esse mecanismo é valioso para uma flor: ele faria o polinizador se lembrar daquela flor e voltar a ela com mais avidez. Ou, como a entomologista explica em seu artigo, o néctar cafeinado aumenta a "fidelidade do polinizador", também conhecida como constância floral. Entorpeça seu polinizador com uma dosagem baixa de cafeína e ele não só se lembrará de você, como voltará em busca de mais, elegendo essa planta em detrimento de outras que não ofereçam o mesmo efeito.

Na realidade, não sabemos se as abelhas sentem *qualquer coisa* quando ingerem cafeína, apenas que o alcaloide as ajuda a memorizar — o que, como veremos, ele também parece fazer por nós. Experimentos subsequentes com orçamentos maiores e configurações mais elaboradas, envolvendo flores falsas e ambientes mais naturais, replicaram a descoberta de Wright: as abelhas se lembram e voltam de forma mais confiável a flores que oferecem néctar cafeinado. Além disso, o poder desse efeito é tão grande que as abelhas continuam a voltar a essas flores mesmo quando não há mais néctar. Um experimento conduzido por Margaret J. Couvillon e publicado na revista *Current Biology* em 2015 ("Caffeinated Forage Tricks Honeybees into Increasing Foraging and Recruitment Behaviors" [Forragem com cafeína engana as abelhas para aumentar os comportamentos de forrageamento e recrutamento]) levantou a questão *cui bono*: quem se beneficia mais desse arranjo duplamente evolutivo entre polinizadores e plantas produtoras de cafeína? A resposta parece ser a planta.

Couvillon demonstrou que a memória e o entusiasmo das abelhas por flores cafeinadas era tal que aumentava "a frequência de busca, a dança e a persistência e a especificidade da localização do néctar, resultando em um recrutamento quatro vezes maior da colônia". Ou seja, ela estimou que quatro vezes mais abelhas fariam visitas às flores cafeinadas do que às flores que oferecem apenas néctar. No entanto, a exuberância das abelhas excede qualquer benefício concebível para a espécie, o que torna o movimento irracional: "a cafeína faz com que as abelhas superestimem a qualidade do néctar, levando a colônia a estratégias de busca abaixo do ideal", provavelmente para "reduzir o armazenamento de mel", uma vez que elas retornam às flores com cafeína muito depois de terem esgotado o néctar. Couvillon concluiu que isso torna "a relação entre o polinizador e a planta menos mútua e mais exploratória". A oferta de cafeína da planta para as abelhas é "semelhante à droga, onde a percepção do polinizador sobre a qualidade do alimento é alterada, o que por sua vez muda seus comportamentos individuais". É uma história estranhamente familiar: um animal crédulo enganado pela inteligência neuroquímica de uma planta para agir contra os próprios interesses.

A partir de tais constatações, surge uma série de perguntas incômodas: será que nós, seres humanos, podemos estar no mesmo barco que as coitadas das abelhas? Será que também fomos enganados por plantas cafeinadas não apenas para cumprir suas ordens, mas para agir contra nossos próprios interesses? Quem está levando a melhor em nosso relacionamento com as plantas produtoras de cafeína?

Existem algumas maneiras de abordar a questão, mas um bom modo é tentar responder a duas outras questões paralelas: a descoberta da cafeína foi uma bênção ou uma maldição para a nossa civilização? E quanto à nossa espécie, já que isso pode não ser exatamente a mesma coisa?

No caso da cafeína, podemos buscar respostas na história documentada, uma vez que a humanidade tomou conhecimento da substância em uma época surpreendentemente recente. Por mais difícil que seja imaginar, a civilização ocidental era virgem de café ou chá até 1600; por acaso, café, chá e chocolate (que também contém cafeína) chegaram à Inglaterra durante a mesma década, a de 1650, o que nos permite ter alguma ideia de como era o mundo antes e depois da cafeína. O café já era conhecido na África Oriental alguns séculos antes disso (acredita-se que tenha sido descoberto na Etiópia por volta de 850 d.C.), mas não tem a antiguidade de outras substâncias psicoativas, como álcool ou cannabis ou mesmo alguns psicodélicos como psilocibina, ayahuasca ou peiote, presentes na cultura humana há milênios. O chá também é mais antigo do que o café, tendo sido descoberto na China e usado como medicamento desde, pelo menos, 1000 a.C., embora não tenha se popularizado como bebida recreativa até a dinastia Tang, entre 618 e 907 d.C.

Não é exagero dizer que a chegada da cafeína à Europa mudou... tudo. Soa hiperbólico, eu sei, e muitas vezes ouvimos comentário semelhante sobre outros desenvolvimentos na "cultura material"; como a descoberta de X ou Y (uma mercadoria do Novo Mundo, digamos, ou alguma invenção ou descoberta) "criou o mundo moderno". Isso em geral significa que o advento de X ou Y teve um efeito transformador na economia, na vida cotidiana ou nos padrões de vida. Mas, como a própria molécula de cafeína, que atinge depressa praticamente todas as células do corpo que a ingere, as mudanças provocadas pelo café e pelo chá ocorreram num nível mais fundamental: o da mente humana. O café e o chá deram início a uma mudança no clima mental, aguçando mentes enevoadas pelo álcool, libertando as pessoas dos ritmos naturais do corpo e do sol, tornando assim possíveis novos tipos de trabalho e também, indiscutivelmente, novos tipos de pensamento. Tendo trazido o que equivalia a uma nova forma de estado de consciência para a Europa, a cafeína passou a influenciar tudo, desde o comércio global até o imperialismo, o comércio de escravizados, o local de trabalho, as ciências, a política, as relações sociais e talvez até os ritmos da prosa de língua inglesa.

A HISTÓRIA CONTA QUE a relação humana com a planta do café começa com um pastor de cabras observador, na região que é hoje a Etiópia, um dos poucos lugares na África onde a árvore arbustiva cresce selvagem. De acordo com os registros, esse pastor do século IX, chamado Kaldi, percebeu como suas cabras se comportavam de forma atípica e permaneciam acordadas a noite toda depois de comer os frutos vermelhos da planta *Coffea arabica*. Kaldi compartilhou sua observação com o abade de um mosteiro local, que preparou uma bebida com aqueles frutos, descobrindo assim as propriedades estimulantes do café.

Talvez. Mas sabemos que, no século XV, o café era cultivado na África Oriental e comercializado em toda a península Arábica. No início, a nova bebida era considerada um auxílio à concentração e usada pelos sufis no Iêmen para evitar que cochilassem durante cerimônias religiosas. (O chá também começou como uma espécie de bebida energética espiritual para monges budistas que se esforçavam para permanecer acordados durante longos períodos de meditação.) No período de um século, surgiram cafés em cidades de todo o mundo árabe. Em 1570, havia mais de seiscentos deles apenas em Constantinopla, e os locais se espalharam para o norte e o oeste com a expansão do Império Otomano. Esses novos espaços públicos eram focos de notícias e fofocas, bem como locais de reunião para apresentações e jogos. Os cafés eram instituições relativamente liberais, onde a conversa costumava se voltar para a política e, em vários momentos, os poderes governamentais e clericais tentaram fechá-los, mas nunca por muito tempo ou com muito sucesso. (Um barril de café foi levado a julgamento em Meca em 1511 por seus efeitos perigosamente intoxicantes; no entanto, sua condenação e subsequente banimento logo foram derrubados pelo sultão do Cairo.) Como os defensores do café corretamente apontaram, a bebida não é mencionada em nenhum lugar no Alcorão. O café, portanto, ofereceu ao mundo islâmico uma alternativa adequada ao álcool, que é especificamente proscrito em seu livro sagrado, e veio a ser conhecido como *kahve*, que, em tradução livre, significa "vinho da Arábia". Essa noção de que o café existe de alguma forma em oposição ao álcool persistiria tanto no Oriente quanto no Ocidente, e chega até nós hoje na crença comum, embora errônea, de que o café preto é um antídoto para a embriaguez.

Naquela época, o mundo islâmico era mais avançado do que a Europa em muitos aspectos, como ciência, tecnologia e aprendizado. É difícil provar que esse florescimento mental teve algo a ver com a prevalência do café (e a proibição do álcool), mas, como argumentou o historiador alemão Wolfgang Schivelbusch, a bebida "parecia ter sido feita sob medida para uma cultura que proibia o consumo de álcool e que deu à luz a matemática moderna". Na China, a popularidade do chá durante a dinastia Tang também coincidiu com uma época de ouro. E o impacto de longo alcance da chegada da cafeína na Europa dá certa plausibilidade à ideia de ligação causal.

Os europeus há muito eram fascinados pelas práticas exóticas do "Oriente", e o consumo dessa bebida quente e escura logo despertou sua curiosidade. Em 1585, um veneziano em viagem à Constantinopla observou que os habitantes locais "têm o hábito de beber em público, nas lojas e nas ruas, um líquido preto, fervendo o máximo que podem suportar, que é extraído de uma semente que eles chamam de Cave... e diz-se que tem a propriedade de manter o homem acordado". A noção de beber qualquer bebida bem quente era em si mesma exótica e, de fato, provou ser um dos presentes, tanto do chá quanto do café, mais importantes para a humanidade: o fato de que era preciso ferver água para fazê-los significava que aquela era a coisa mais segura que se podia beber. (Antes era o álcool, que era mais higiênico do que a água, mas não tão seguro quanto o chá ou o café. Os taninos em todas essas bebidas também têm propriedades antimicrobianas.) A contribuição do café e do chá para a saúde pública talvez explique por que as sociedades que adotaram as novas bebidas quentes tendiam a prosperar à medida que as doenças microbianas diminuíam.

EM 1629 OS PRIMEIROS cafés na Europa, criados a partir do modelo árabe, surgiram em Veneza, e o primeiro estabelecimento do gênero na Inglaterra foi aberto em Oxford em 1650 por um imigrante judeu conhecido como Jacob, o judeu. Os cafés chegaram a Londres pouco depois e proliferaram como vírus: em apenas algumas décadas havia milhares deles em Londres; no auge havia um café para cada dois mil londrinos.

Assim como no mundo islâmico, na Europa o café era consumido sobretudo nos cafés públicos — pontos de encontro vibrantes onde as notícias do dia (políticas, econômicas e culturais) eram um atrativo tão grande quanto a bebida em si. Os cafés se tornaram espaços públicos excepcionalmente democráticos; na Inglaterra eram os únicos lugares onde homens de diferentes classes sociais podiam se misturar. Qualquer um podia sentar em qualquer lugar. Mas *apenas* homens, ao menos na Inglaterra, um fato que levou alguém a alertar que a popularidade do café "colocava toda a raça em risco de extinção". (As mulheres eram bem-vindas nos cafés franceses.) Comparados às tavernas, os cafés eram locais notavelmente civilizados onde, se você começasse uma discussão, se esperava que pagasse uma rodada para todo mundo.

Chamar o café inglês de um novo tipo de espaço público não chega a fazer justiça a ele; os cafés representavam um novo meio de comunicação, um feito de tijolos e argamassa em vez de eletricidade e fios. Você pagava 1 centavo pelo café, mas a informação era gratuita. (Os cafés costumavam ser chamados de "universidades de 1 centavo".) Depois de visitar esses estabelecimentos em Londres, um escritor francês chamado Maximilien Misson escreveu: "Você tem todo tipo de notícia aqui; tem um bom fogo, perto do qual pode-se sentar por quanto tempo quiser; tem uma xícara de café; encontra seus amigos para fazer negócios e tudo por 1 centavo, se não quiser gastar mais."

Os cafés de Londres diferiam entre si pelos interesses profissionais ou intelectuais da clientela, o que conferia a eles identidades institucionais específicas. Assim, por exemplo, comerciantes e homens com interesse em navegação se reuniam no Lloyd's Coffee House. Ali era possível descobrir quais navios estavam chegando e partindo e comprar uma apólice de seguro para a sua carga. O Lloyd's Coffee House acabou se tornando a corretora de seguros Lloyd's of London. Igualmente, a Bolsa de Valores de Londres teve suas raízes nos acordos realizados no Jonathan's Coffee House. Intelectuais e cientistas — conhecidos então como filósofos naturais — se reuniam no Grecian, que passou a ser associado à Royal Society; Isaac Newton e Edmund Halley debatiam física e matemática lá, e supostamente dissecaram um golfinho no local certa vez. Tom Standage, autor de *A History of the World in 6 Glasses* [Uma história do mundo em 6 copos] (três dos quais por acaso contêm cafeína: café, chá e cola), escreve que os cafés "criavam um ambiente totalmente novo para trocas sociais, intelectuais, comerciais e políticas", tornando os de Londres, segundo ele, "cruciais para as revoluções científicas e econômicas que moldaram o mundo moderno".

Enquanto isso, o grupo literário se reunia no Will's e no Button's, em Covent Garden, onde era possível encontrar figuras como John Dryden e Alexander Pope. O *The Rape of the Lock* [O estupro da fechadura], de Pope, está impregnado da cultura e, particularmente, da fofoca dos cafés e, no "Canto III", homenageia o poder da bebida "que torna o político sábio". O líquido preto também forneceu um ponto importante da trama: foi ele que "enviou em vapores ao cérebro do Barão

/ Novos estratagemas, a chave radiante para ganhar". Alguns críticos afirmam que a cultura dos cafés alterou a prosa de língua inglesa de modo persistente. *Habitués* como Henry Fielding, Jonathan Swift, Daniel Defoe e Laurence Sterne trouxeram os ritmos do inglês falado para sua prosa, marcando uma mudança radical em relação à formalidade do estilo de prosa inglesa anterior.

Embora especializados por áreas de interesse, os cafés de Londres também eram interligados pelos clientes, que passavam o dia indo de um a outro, levando notícias, mas também rumores e fofocas, que se espalhavam mais depressa pela rede de cafés de Londres do que por qualquer outro meio.

Uma das primeiras revistas da Inglaterra, a *The Tatler*, começou sua vida no Grecian, em 1709, como uma tentativa de levar a grande variedade da cultura dos cafés de Londres para a página impressa. A revista era dividida em seções, cada uma abordando um assunto e com o nome da cafeteria associada a esse interesse específico. Como o editor Richard Steele explicou em uma das primeiras edições, "todos os relatos de Galanteria, Prazer e Entretenimento estarão na seção da White's Chocolate House; Poesia, na da Will's Coffee House; Aprendizagem, na do Grecian; Notícias Estrangeiras e Nacionais você receberá do St. James Café".

Mas nem todos na Inglaterra do século XVII aprovavam o café e os lugares em que a bebida era servida. Os médicos debatiam a salubridade do líquido em tratados febris, e as mulheres se opunham com ardor à quantidade de tempo que os homens passavam nos estabelecimentos. Em um panfleto intitulado "The Women's Petition Against Coffee" [A petição das mulheres contra o café], publicado em 1674, as autoras sugeriram que aquele "licor debilitante" havia roubado dos homens suas energias sexuais, tornando-os "tão infrutíferos quanto os desertos de onde o fruto infeliz foi trazido".

O subtítulo nada sutil do panfleto, "Humble Petition and Address of Several Thousands of Buscome Good Women, Languishing in Extremity of Want" [Humilde petição e discurso de vários milhares de boas mulheres, definhando no limite da carência], não mediu palavras: os homens estavam passando tanto tempo em cafés e bebendo tanto café que chegavam em casa "tendo rígidas nada além das juntas". Os alvos da reclamação responderam com o próprio panfleto, afirmando que o "licor inofensivo e curativo... torna a ereção mais vigorosa, a ejaculação mais completa, [e] adiciona espiritualidade ao esperma". Qualquer problema neste departamento foi atribuído pelos autores à "enfermidade natural do marido" ou possivelmente "à sua própria insistência em tentar evitar que ele tome café".

A guerra dos sexos do século XVII por causa do café levou a uma associação do chá com a feminilidade e com o ambiente doméstico que perdura até hoje no Ocidente. Um londrino poderia tomar uma xícara de chá em um café, mas só passou a existir um lugar público dedicado ao chá em 1717, quando Thomas Twining abriu uma casa de chá ao lado do Tom's, seu café no Strand. Nesse segundo ambiente as mulheres eram bem-vindas para provar os vários produtos e comprar folhas de chá para fazer em casa. Graças em parte à inovação de Twining, aquela que logo se tornaria a bebida com cafeína mais popular na Grã-Bretanha ficou sob o controle das mulheres de classe alta e média, que passaram a desenvolver uma rica cultura de festas do chá, eventos de chá formais e informais, e todo um regime de acessórios para seu serviço, incluindo cerâmicas e porcelana, a colher de chá e capinhas para serem colocadas na chaleira, e petiscos concebidos exclusivamente para acompanhar o chá. (O movimento de temperança, liderado por mulheres e promovendo a infusão como alternativa ao gim, mais tarde consolidaria a imagem feminina do chá no Ocidente.)

As mulheres não foram as únicas a se levantar contra o consumo de café. A conversa nos cafés de Londres com frequência se voltava para a política, em vigorosos exercícios de liberdade de expressão que atraíram a ira do governo, sobretudo depois que a monarquia foi restaurada em 1660. Carlos II, preocupado que maquinações estivessem sendo elaboradas nos cafés, decidiu que eles eram perigosos pelo potencial de fomentar rebeliões e que a Coroa precisava suprimi-los. Assim, em 1675, o rei decidiu fechar os cafés, alegando que os "relatórios falsos, maliciosos e escandalosos" emanados de seus salões eram uma "perturbação do silêncio e da paz do reino". Como tantos outros compostos que alteram os aspectos da consciência no indivíduo, a cafeína foi considerada uma ameaça ao poder institucional, que agiu para suprimi-la, em um prenúncio das guerras contra as drogas que estavam por vir.

Mas a guerra de Carlos II contra o café durou apenas onze dias. O rei descobriu que era tarde demais para reverter a maré da cafeína: àquela altura, os cafés eram um elemento tão marcante da cultura inglesa e da vida diária — e tantos londrinos eminentes se tornaram dependentes da substância — que todos simplesmente ignoraram a ordem da Coroa e alegremente continuaram bebendo seu café. Com medo de testar a própria autoridade e descobrir que ela não era assim tão forte, Carlos II recuou, emitindo uma segunda proclamação revogando a primeira "por consideração principesca e compaixão real".

Também na França os cafés se tornaram sinônimo de sedição e teriam um papel decisivo nos acontecimentos de 1789. Jules Michelet escreveu que aqueles "que se reuniam dia após dia no café Le Procope viam, com um olhar penetrante, nas profundezas de sua bebida preta, iluminar-se o ano da revolução". Talvez por esse motivo, os cafés de Paris estivessem repletos de intrigas. A multidão que acabou invadindo a Bastilha estivera reunida no Café de Foy, estimulada pela eloquência do jornalista político Camille Desmoulins e intoxicada não pelo álcool, mas pela cafeína.

É difícil imaginar que o tipo de fermento político, cultural e intelectual que borbulhou nos cafés da França e da Inglaterra pudesse ter se desenvolvido em uma taberna. Se o álcool alimenta nossas tendências dionisíacas, a cafeína nutre o apolíneo. Logo no início, as pessoas reconheceram a conexão entre a crescente onda de racionalismo e a nova bebida da moda. "Doravante está destronada a taberna", escreveu Michelet, com certo exagero. O vinho e a cerveja não desapareceram, mas a mente europeia foi arrancada das garras do álcool, liberando-a para os novos tipos de pensamento que a cafeína ajudou a fomentar. Podemos questionar o que veio primeiro, mas o tipo de pensamento mágico que o álcool patrocinou na mente medieval começou a ceder espaço no século XVII a um novo espírito de racionalismo e, um pouco mais tarde, ao pensamento iluminista. Michelet continua: "Café, a bebida sóbria, o poderoso alimento do cérebro que, ao contrário das alcoólicas, aumenta a pureza e a lucidez; o café, que desanuvia a imaginação de um peso sombrio; que ilumina a realidade das coisas de repente com o lampejo da verdade." Ver, com lucidez, "a realidade das coisas": isso, em resumo, era a própria definição do projeto racionalista. O café tornou-se, junto com o microscópio, o telescópio e a caneta, uma de suas ferramentas indispensáveis. Mas, ao contrário das demais, era uma a ser usada no cérebro e na mente. Wolfgang Schivelbusch escreve em sua maravilhosa história de estimulantes e intoxicantes, *Tastes of Paradise* [Sabores do paraíso]: "Com o café, o princípio da racionalidade entrou na fisiologia humana, transformando-a para que se moldasse de acordo com as próprias exigências."

Talvez o entusiasmo pelo café entre os intelectuais da Inglaterra e da França refletisse sua novidade tanto quanto seu poder: drogas novas sempre parecem milagrosas e, por isso, muitas vezes creditam-se a elas propriedades espantosas, o que as leva a ser consumidas em excesso. Voltaire era um defensor fervoroso do café e supostamente bebia 72 xícaras por dia. O café, assim como os estabelecimentos que o vendiam, foi o combustível dos trabalhos heroicos dos escritores do Iluminismo. Denis Diderot compilou sua *magnum opus* enquanto consumia cafeína no Le Procope. É possível afirmar com segurança que a *Encyclopédie* jamais teria sido concluída em uma taberna.

Honoré de Balzac estava convencido de que sua vasta produção literária, assim como o funcionamento de sua imaginação, dependia de doses generosas de café, consumidas durante a noite enquanto ele narrava a comédia humana em seus inúmeros romances. Balzac acabou desenvolvendo tal tolerância à cafeína que dispensou os efeitos diluidores da água, desenvolvendo seu próprio método único de administração da droga seca:

> Descobri um método horrível, um tanto brutal, que recomendo apenas a homens de vigor excessivo. Trata-se de usar café denso, finamente pulverizado, frio e anidro, consumido com o estômago vazio. Este café cai no estômago, um saco cujo interior aveludado é forrado com tapeçarias de ventosas e papilas. O café não encontra mais nada no saco e, por isso, ataca esses forros delicados e voluptuosos (...) faíscas sobem até o cérebro.

O efeito para Balzac foi transformar o cérebro num campo de batalha mental onde as forças épicas de sua imaginação poderiam lutar:

> Desse momento em diante tudo se torna agitado. Ideias entram rapidamente em movimento como os batalhões de um grande exército rumando para seu lendário campo de batalha e para a fúria dos combates. Memórias atacam, bandeiras brilhantes no alto; a cavalaria da metáfora avança com um magnífico galope, a artilharia da lógica sai às pressas com seus vagões e cartuchos estrepitosos; sob as ordens da imaginação, atiradores de elite miram e disparam;

formas e contornos e personagens surgem; o papel está cheio de tinta...

Talvez não surpreenda que tenha sido Balzac quem escreveu uma das melhores descrições de todos os tempos de como é o efeito de uma dose excessiva de cafeína, um estado que ele diz

> produzir um tipo de animação que parece raiva: a voz da pessoa sobe de volume, os gestos sugerem uma impaciência pouco saudável; a pessoa quer que tudo aconteça na velocidade das ideias; torna-se brusca; mal-humorada à toa. E supõe que todo mundo está igualmente lúcido. Um homem de espírito deve, portanto, evitar sair em público.

Uma coisa é viver na cultura compartilhada da cafeína, na qual a mente de todo mundo está funcionando mais ou menos no mesmo ritmo acelerado. Outra coisa completamente diferente é se ver com a mente tão acelerada que outras pessoas lhe parecem estar paradas numa plataforma de trem, enquanto você passa às pressas por elas em nuvens de impaciência movidas a cafeína.

O RELATO DE BALZAC acertou no alvo quando fui chegando ao terceiro mês de abstinência. Eu me sentia em grande parte como aquela figura parada na plataforma, vendo em relances invejosos pela janela do trem as pessoas que bebiam café enquanto passavam depressa por mim.

Depois das primeiras semanas, os prejuízos mentais causados pela abstinência diminuíram e voltei a pensar linearmente, a ser capaz de manter uma abstração em minha cabeça por mais de dois minutos e de excluir os pensamentos periféricos do meu campo de atenção. Minha autoconfiança em contar essa história também foi retornando aos poucos e, passado um mês, consegui retomar a escrita; talvez você questione se estou escrevendo bem, mas pelo menos estou escrevendo. No entanto, continuo me sentindo mentalmente um pouco atrasado, em especial quando na companhia de pessoas que bebem café e chá, o que, é óbvio, acontece o tempo todo e em todos os lugares. Na faculdade, namorei uma mulher que cresceu sem televisão em casa; ela perdia tantas referências, piadas e alusões que às vezes parecia um pouco estranha para nós, assim como nós parecíamos para ela. Havia um obstáculo mental sutil, mas inconfundível. Hoje em dia, eu me sinto um pouco assim.

Eis do que sinto falta: da forma como a cafeína e seus rituais organizavam meu dia, sobretudo pela manhã. Os chás de ervas — que mal são psicoativos, se é que são — não têm o poder do café e do chá para organizar o dia em um ritmo de altos e baixos energéticos, à medida que a maré mental de cafeína vai e volta. O aumento repentino da manhã é uma bênção, obviamente, mas também há algo reconfortante na vazante da tarde, que uma xícara de chá pode reverter.

Sinto falta do aroma envolvente e dos sons do café, seja o ruído mecânico dos grãos sendo moídos ou o borbulhar alegre do café enquanto é coado. Na verdade, esses presentes sensoriais ainda estão disponíveis para mim — toda vez que passo por um café — mas, quando não são seguidos pelo consumo, esses cheiros e sons por si só são apenas uma provocação. Ultimamente, comecei a preparar café para Judith em casa, extraindo os aromas amadeirados dos grãos e inalando o vapor da xícara antes de entregar a ela, na esperança de absorver um pouco de estímulo mental antes de ir para a minha mesa e tomar meu chá de camomila. Que obra genial já foi composta à base de camomila? Que avanço mental já foi creditado ao chá de hortelã? É um milagre eu ter chegado tão longe com essa nossa história.

Tenho saudades de poder participar da cultura do café, de ficar sem fazer nada nesse ambiente, só observando. Mesmo que a mente acelere, o corpo reduz o ritmo e fica satisfeito em apenas ver o tempo passar. Curiosamente, essa cultura não gira mais em torno da conversa, que praticamente desapareceu nos cafés modernos; foi substituída pela diligência mental de pessoas que bebem café enquanto digitam em seus notebooks, com um senso de urgência que sequer consigo fingir possuir. Tantos projetos importantes! Sei que posso sentar entre eles com minha tisana, mas não é a mesma coisa. Não estou mais no mesmo mar que todo mundo. Encalhado, ainda posso ver a água preta onde eles nadam, mas de longe.

Existem alguns benefícios compensatórios. Voltei a dormir como um adolescente e acordo me sentindo revigorado. (Existe uma explicação para isso, falarei sobre ela.) Também descobri um benefício social estranho e inesperado: quando recuso ofertas de café e explico minha experiência de abstinência, descubro que as pessoas ficam interessadíssimas e, estranhamente, muito impressionadas. É como se eu tivesse realizado algum tipo de façanha. "Eu jamais conseguiria", dirá um amigo, ou "Eu realmente devia tentar, sei que isso me faria dormir melhor. Mas não consigo imaginar como seria enfrentar a manhã". Naturalmente, essas reações me fazem sentir como se eu de fato tivesse realizado algo digno de admiração. Suspeito que estou me beneficiando dos ecos do puritanismo que ainda reverberam em nossa cultura, que até hoje concede pontos por autodisciplina e superação do desejo. O vício, mesmo aquele em uma droga relativamente inofensiva e adquirida com facilidade como a cafeína, é visto como um indício de fraqueza de caráter. "Percebi que minha vida estava sendo controlada pela cafeína", me disse um pesquisador do sono (e abstêmio) que entrevistei. "Sempre que viajava e me via em uma cidade desconhecida, era incapaz de ir me deitar antes de descobrir onde obter minha dose matinal. Gosto de me sentir no controle e percebi que não estava. Era a cafeína que estava me controlando."

Roland Griffiths, pesquisador de drogas, me disse que se inspirou a estudar a cafeína depois de sentir vergonha de seu próprio "comportamento repulsivo". Com pressa e sedento por uma dose de cafeína, ele jogou alguns grãos de café congelados numa xícara, acrescentou água quente da torneira, agitou e bebeu. "Reconheço o comportamento de alguém atrás de drogas quando vejo!" No entanto, ele concordou que não há nada inerentemente "errado" com um vício se você tem um suprimento seguro, nenhuma condição de saúde proibitiva conhecida e não se ofende com a ideia. Mas muitos de nós não conseguimos não moralizá-lo.

Confesso que às vezes me pego dolorosamente fazendo o papel de homem superior. Durante meus meses de abstinência, caminhar pelo aeroporto me enchia de desejo e inveja, ao passar por tantas oportunidades aromáticas de cafeína em sequência. Mas as coisas parecem muito diferentes logo de manhã para alguém que abandonou o vício. Certa vez, depois de me arrastar para fora da cama e ir para o aeroporto para um voo às seis da manhã, abastecido apenas com chá de hortelã, senti pena ao ver as filas serpenteando na frente do Starbucks e do Peet's, tão longas que levaria ao menos meia hora até que os pobres coitados fossem servidos. Dava para ver que aquelas pessoas estavam enfrentando os primeiros sintomas da abstinência da cafeína, e seu desespero para eliminá-los e voltar ao patamar básico de consciência tinha em si um sopro de *pathos*. Pareciam todos versões mais bem vestidas dos dependentes químicos que vi em Amsterdã, enfileirados em frente a um dispensário móvel para sua dose matinal. Pensei: *que gente patética!* Não é um pensamento do qual me orgulho; na verdade, estou ansioso para voltar às fileiras dos dependentes de cafeína assim que puder. Nesse ínterim, porém, tento saborear a elevação moral e a autoestima disponíveis para quem está vivendo livre desse vício. Por enquanto, só me resta isso.

A CERTA ALTURA, COMECEI a me perguntar se aquilo tudo não era coisa da minha cabeça, essa sensação de que o ritmo do meu raciocínio havia diminuído depois que deixei de tomar café e chá. A dívida com o café reconhecida tão abertamente pelos gigantes mentais da era da razão e do Iluminismo alimentou minhas suspeitas de que eu ainda pudesse estar sofrendo de uma deficiência mental sutil, ou talvez não tão sutil. Como não larguei o vinho durante o período de abstinência de cafeína, seria possível que eu tivesse, no campo pessoal, revertido a marcha do progresso intelectual no Ocidente, me lançando de volta nas brumas medievais do pensamento lento e mágico? No entanto, mesmo sem a nitidez conferida pela cafeína, eu sabia que era melhor não dar muita importância ao anedótico ou à amostra de um indivíduo só. Sendo assim, decidi verificar com a ciência para saber qual melhora cognitiva pode de fato ser atribuída à cafeína — se é que haveria alguma. O que eu realmente estava perdendo?

Encontrei vários estudos conduzidos ao longo dos anos relatando que a cafeína melhora o desempenho em uma série de medidas cognitivas: memória, concentração, estado de alerta, vigilância, atenção e aprendizagem. Um experimento feito na década de 1930 descobriu que enxadristas sob efeito de cafeína tiveram desempenho significativamente melhor do que jogadores que se abstiveram. Em outro estudo, os usuários de cafeína concluíram uma variedade de tarefas mentais mais depressa, embora tenham cometido mais erros; como um jornal colocou em seu título, as pessoas que tomam cafeína são "mais rápidas, porém não mais inteligentes". Em um experimento de 2014, os indivíduos que receberam cafeína logo após aprenderem algo novo se lembraram melhor do que os que receberam um placebo. Testes de habilidades psicomotoras também sugerem que a cafeína nos dá uma vantagem: em exercícios simulados de direção, ela melhora o desempenho, sobretudo quando o indivíduo está cansado. Ela também aprimora o desempenho físico em métricas como provas de tempo, força muscular e resistência.

É verdade que há razão para ter um pé atrás com essas descobertas, uma vez que é difícil realizar bem esse tipo de pesquisa. O problema é encontrar um bom grupo de controle numa sociedade em que praticamente todos são viciados em cafeína. Se você comparar o desempenho de dois grupos, um a quem você deu um comprimido de cafeína e o outro a quem deu um placebo, as chances são grandes de que o grupo placebo esteja no meio da abstinência de cafeína e, portanto, em nítida desvantagem para realizar qualquer tipo de tarefa cognitiva ou motora. Talvez a cafeína esteja apenas restaurando as funções cognitivas normais dos voluntários, em vez de aprimorá-las.

Os pesquisadores podem superar esse problema certificando-se de que seus voluntários estejam sem cafeína por uma ou duas semanas, e muitos de fato ficam. O consenso parece ser o de que a cafeína melhora o desempenho mental (e físico) em algum grau. A ciência sugere que, muito provavelmente, meu ritmo mental diminuiu desde que embarquei neste experimento, em relação ao que eu era quando ingeria café e chá. Peço desculpas por quaisquer lapsos que possam ter resultado disso.

Se a cafeína também aumenta a criatividade é, no entanto, outra questão, e há razões para duvidar disso apesar da crença fervorosa de Balzac. Ela melhora nosso foco e capacidade de concentração, o que com certeza melhora o pensamento linear e abstrato, mas a criatividade funciona de maneira muito diferente. Pode depender da *perda* de um certo tipo de foco e da liberdade de soltar a mente da coleira do pensamento linear.

Os psicólogos cognitivos às vezes falam em dois tipos distintos de consciência: a consciência de holofote, que ilumina um único ponto focal de atenção, o que faz dela muito boa para o raciocínio; e a consciência de lampião, na qual a atenção é menos focada, mas ilumina um campo mais amplo de atenção. Crianças pequenas tendem a exibir o segundo tipo e isso também acontece com muitas pessoas sob efeito de psicodélicos. Essa forma mais difusa de atenção se presta à divagação, à livre associação e ao estabelecimento de novas conexões — fatores que podem nutrir a criatividade. Em comparação, a grande contribuição da cafeína para o progresso humano tem sido intensificar a consciência de holofote, ou seja, um processamento cognitivo focado, linear, abstrato e eficiente mais intimamente associado ao trabalho mental do que ao brincar. Isso, mais do que qualquer outra coisa, é o que torna a cafeína a droga perfeita não apenas para a era da razão e do Iluminismo, como também para a ascensão do capitalismo.

FALANDO EM FOCO... DESCULPE, não queria ter interrompido a história da cafeína que estávamos percorrendo há pouco. Tentarei retomá-la.

A crescente popularidade dos cafés no século XVII na Europa era um problema para os interesses econômicos envolvidos uma vez que, na época, os comerciantes árabes tinham o monopólio absoluto dos grãos de café; eles lucravam com cada xícara de café consumida em Londres, Paris e Amsterdã. Era um monopólio que os árabes protegiam com zelo: para evitar que qualquer um cultivasse café em qualquer lugar que não fossem as terras controladas por eles, os comerciantes árabes torravam os grãos (que são sementes, afinal de contas) antes de serem exportados, para garantir que não pudessem germinar.

Mas, em 1616, um holandês astuto conseguiu romper o controle dos árabes sobre a *Coffea arabica*. Ele contrabandeou plantas vivas de café de Mocha, uma cidade portuária do Iêmen, e as levou para o Jardim Botânico de Amsterdã, onde cresceram em estufas e mais plantas se propagaram a partir das mudas. (É possível criar uma planta nova, geneticamente idêntica, enraizando um broto ou galho no solo.) Um desses clones acabou na ilha indonésia de Java, controlada pelos holandeses, onde a Companhia Holandesa das Índias Orientais a propagou com sucesso, produzindo cafezais suficientes para estabelecer uma plantação. Daí o valorizado café conhecido como Mocha Java.

Em 1714, duas descendentes do arbusto de café roubado holandês foram dadas ao rei Luís XIV, que as plantou no Jardin du Roi, em Paris. Alguns anos depois, um ex-oficial da Marinha francesa chamado Gabriel de Clieu idealizou um esquema para estabelecer a produção de café na colônia francesa da Martinica, onde vivia. Em um segundo roubo de café importante, dizem que ele recrutou uma mulher na corte para subtrair um corte da planta do rei.

Depois de enraizar a muda com sucesso, De Clieu instalou a plantinha em uma caixa de vidro, para protegê-la das intempéries, e a levou num navio com destino à Martinica. A travessia foi difícil, demorando muito mais do que o previsto, e o abastecimento de água potável a bordo teve que ser racionado. Determinado a manter viva sua planta de café, De Clieu compartilhou sua escassa ração de água com ela.

Ele afirmou ter quase morrido de sede no mar, mas seu sacrifício garantiu que a planta chegasse em segurança à Martinica, onde prosperou. Em 1730, as colônias caribenhas da França estavam enviando café de volta para uma Europa irremediavelmente viciada em cafeína. Muitas das plantas de café cultivadas no Novo Mundo hoje são descendentes daquela planta original contrabandeada de Mocha em 1616, fruto de um roubo quase prometeico em seu impacto. O Ocidente havia assumido o controle do café, e o café assumira o controle do Ocidente.

ANTES DA CHEGADA DO CAFÉ e do chá, o álcool era consumido na Europa de manhã, ao meio-dia e à noite; não apenas nas tavernas depois do anoitecer, mas no café da manhã em casa e até mesmo nos locais de trabalho, onde costumava ser oferecido aos trabalhadores em seus momentos de descanso. A mente inglesa em particular passava a na maior parte do dia enevoada pelo consumo mais ou menos constante da substância. Campanhas por temperança surgiam de tempos em tempos, mas sem uma bebida substituta elas não surtiram efeito.

Eis que surge o café.

Já em 1660, o escritor e historiador James Howell pôde notar: "Já se descobriu que esta bebida de café causou maior sobriedade entre as Nações; pois, enquanto anteriormente os Aprendizes e Escriturários, entre outros, costumavam tomar seus goles matinais de Cerveja ou Vinho, que pela tontura que causam no Cérebro, tornam os homens bastante impróprios para os negócios, agora bancam os Bons companheiros com esta bebida *estimulante* e civilizada."

Howell merece crédito por ter reconhecido tão cedo o impacto do café no trabalho. Anos mais tarde, se revelaria o alcance maior dessa relação, quando a economia inglesa começou sua mudança da dependência do trabalho braçal para o trabalho intelectual. Muito tempo antes da pausa para o café havia a pausa para a cerveja, em geral oferecida aos trabalhadores que executavam trabalho braçal ao ar livre; a nitidez mental não era uma prioridade, nem a atenção ao relógio. Para aqueles que operavam máquinas, no entanto, a mente entorpecida pelo álcool era um risco tanto para a segurança quanto para a produtividade. E para escriturários e outros que trabalhavam com números, a atenção, o foco e a nitidez mental absoluta que o café oferecia faziam dele a droga ideal — "a bebida da era burguesa moderna", nas palavras de Wolfgang Schivelbusch. O café apareceu na Europa na hora certa: "Ele se espalhava pelo corpo e conseguia realizar química e farmacologicamente aquilo que o racionalismo e a ética protestante tentavam fazer espiritual e ideologicamente." A droga racional por excelência, o café ajudou a dispersar a neblina alcoólica da Europa, promovendo um maior estado de alerta e atenção aos detalhes e, como os empregadores logo descobriram, melhorando drasticamente a produtividade.

Com certeza não é mera coincidência que a cafeína e o ponteiro do minuto nos relógios tenham surgido mais ou menos no mesmo momento histórico. Para o homem medieval, e sobretudo para aquele que realizava trabalho braçal ao ar livre, a posição do sol era mais importante do que a posição do ponteiro. Não havia, portanto, um segundo ponteiro, o dos minutos, porque não havia necessidade de subdividir a hora. Mas novos tipos de trabalho exigem uma atenção muito maior ao tempo e seus incrementos, e qual droga psicoativa é mais ligada ao tempo do que a cafeína? Qual está mais diretamente conectada aos marcos temporais do dia? (Pense em Prufrock, de T. S. Eliot, medindo sua vida em colheres de café.) O trabalho não apenas se transferia para o interior dos prédios, como também se reorganizava sob o princípio do relógio, sendo regularizado e estabelecido como rotina, e essa mudança pedia uma nova disciplina temporal que poderia ser fortalecida pelo café e pelo chá.

Mas a contribuição mais importante da cafeína para o trabalho moderno — e, de forma indireta, para a ascensão do capitalismo — foi nos libertar dos ritmos fixos do sol, um relógio astronômico que também define nossos relógios biológicos. Antes da cafeína, a ideia de um turno tardio, sem nem falar de um turno noturno, era inconcebível; o corpo humano simplesmente não permitiria algo assim. Mas o poder dessa substância de nos manter acordados e alertas, de conter a maré natural de exaustão, nos libertou dos ritmos circadianos de nossa biologia e assim, junto com o advento da luz artificial, abriu a fronteira da noite para as possibilidades do trabalho. Essa "vigília arrancada da Natureza", como um médico alemão do início do século XIX descreveu a dádiva da cafeína para a humanidade, nos permitiu adaptar nossos corpos e nossas mentes às exigências da vida moderna.

E às da indústria. Aquilo que o café fez por escriturários e intelectuais, o chá faria em breve pela classe trabalhadora inglesa. De fato, foi o chá das Índias Orientais — bastante adoçado com açúcar das Índias Ocidentais — o alimento da Revolução Industrial. Pensamos na Inglaterra como uma cultura do chá, mas o café, no início muito mais barato, assumiu o domínio antes. Só na primeira parte do século XVIII, quando a Companhia Britânica das Índias Orientais (que tinha acesso limitado às regiões produtoras de café) começou a negociar regularmente com a China, foi que o chá pôde desalojar o café como a principal maneira de injetar cafeína na corrente sanguínea britânica.

A HISTÓRIA DO CHÁ tem uma trajetória completamente diferente no Oriente e no Ocidente, sugerindo que os significados que atribuímos a essas plantas psicoativas se devem tanto ao contexto cultural em que são consumidas quanto a suas qualidades inerentes, que sem dúvida são relevantes. No Oriente, o chá era menos trabalho e comércio do que instrumento da vida espiritual, começando no taoismo e no confucionismo e culminando no zen-budismo.

As primeiras plantações de chá na China foram cultivadas há milhares de anos por monges, que descobriram que a bebida contribuía muito para a meditação. Uma das histórias de origem da descoberta do chá conta que Bodhidharma, um príncipe indiano do século VI em busca da iluminação, estava no meio de uma meditação de sete anos (ele já havia completado um período de nove anos sentado em frente a uma parede "ouvindo o grito das formigas") quando, apesar de sua determinação em permanecer acordado, adormeceu. Furioso consigo mesmo, Bodhidharma cortou as pálpebras e as jogou no chão. Os arbustos de chá brotaram onde elas caíram, uma planta com folhas que lembram pálpebras. A partir daí, a bebida ajudaria os monges a ficar acordados durante as longas horas de meditação.

O chá foi celebrado na China e, mais tarde, no Japão, não apenas como um promotor da vigília, mas também da saúde, e com bons motivos. O chá era usado como enxaguante bucal no Oriente muito antes de a ciência descobrir que ele contém flúor (os ingleses anulariam esse benefício ao adicionar grandes quantidades de açúcar ao chá); o chá também contém muitas vitaminas e minerais (uma das maiores concentrações entre todas as plantas) e quantidades prodigiosas de polifenóis, compostos ricos em antioxidantes. (O chá contém mais polifenóis do que o vinho tinto.)

"Sempre beba chá como se o chá fosse a própria vida": esta instrução, do texto do século VIII *Ch'a-ching*, ou *O clássico do chá*, sugere o papel crucial que o chá desempenhou na vida espiritual da China e do Japão. As sutilezas dessa delicada infusão da água no sabor, no aroma e na aparência, encorajaram precisamente o tipo de concentração e atenção ao momento presente que o budismo procurava instilar.

A IDEIA DE QUE o ato de tomar chá poderia ser uma prática espiritual culminou na cerimônia zen do chá. Nela a atenção escrupulosa a cada gesto físico e detalhe material dava aos participantes a oportunidade de sair da agitação e confusão da vida diária, voltando sua mente para os princípios zen de reverência, pureza, harmonia e tranquilidade. Abordada com esse espírito de transcendência, a cerimônia tinha o poder de alterar o estado de consciência. Como disse o mestre de chá japonês do século XVII Sen Sotan: "O sabor do chá e o sabor do zen são um só."*

O chá perdeu grande parte desse sabor no translado do Oriente para o Ocidente, que o transformou de instrumento de espiritualidade em mercadoria. Essa mudança começou

---

* Para mais detalhes sobre a cerimônia do chá e o papel do chá na vida espiritual da China e Japão, veja Beatrice Hohenegger, *Liquid Jade: The Story of Tea from East to West* (Nova York: St. Martin's Press, 2006). (N. do A.)

como consequência do comércio de especiarias. Não havia demanda por chá na Europa quando os comerciantes que vasculhavam o Oriente em busca de especiarias passaram a acrescentar algumas caixas de chá às suas cargas. Eles não tinham ideia de que essa provisão de última hora logo se tornaria um item muito mais importante do comércio do que as especiarias tinham sido e, com o tempo, a bebida mais popular do planeta.

Logo depois que a Companhia Britânica das Índias Orientais começou a negociar com a China, chá barato inundou a Inglaterra, logo substituindo o café como sistema de entrega de cafeína preferido do país. E então a bebida que apenas os ricos podiam se dar ao luxo de beber em 1700, em 1800 era consumida por praticamente todos, desde a matrona da sociedade até o operário. Para atender a essa demanda, era necessário um empreendimento imperialista de enorme escala e brutalidade, sobretudo depois que os britânicos decidiram que seria mais lucrativo transformar a Índia, sua colônia, em produtora de chá, do que comprar chá dos chineses. Isso exigia primeiro roubar dos chineses os segredos da produção de chá (missão cumprida pelo renomado botânico escocês e explorador de plantas Robert Fortune, disfarçado de chinês), confiscar terras de camponeses em Assam (onde o chá era selvagem) e, em seguida, submeter os fazendeiros à servidão, colhendo folhas de chá do amanhecer ao anoitecer.* A introdução do chá no Ocidente tinha tudo a ver com exploração: a extração da mais-valia do trabalho, não

---

* Trata-se de trabalho duro, até hoje realizado de forma quase artesanal. Espera-se que um coletor de chá reúna até 30 quilos de folhas por dia, exigindo 60 mil cortes, cada um com um botão e duas folhas de chá. (N. do A.)

apenas em sua produção na Índia, mas também em seu consumo na Inglaterra.

Na Inglaterra, o chá permitiu que a classe trabalhadora suportasse longos turnos, condições de trabalho brutais e fome mais ou menos constante; a cafeína ajudava a acalmar as dores da fome e o açúcar do chá tornou-se fonte crucial de calorias. (Do ponto de vista nutricional, teria sido melhor se os trabalhadores tivessem continuado com a cerveja.) Mas, além de ajudar o capital a extrair mais trabalho da mão de obra, a cafeína do chá ajudou a criar um novo tipo de trabalhador, mais bem adaptado à regra da máquina: exigente, perigosa e incessante. É difícil imaginar uma Revolução Industrial sem ele.*

Evitei, pelo menos até agora, tentar responder às questões valorativas com as quais começamos, quando me perguntei se a cafeína representava uma bênção ou uma maldição para a civilização e/ou nossa espécie.

O consumo disseminado de cafeína é, discutivelmente, um daqueles acontecimentos na história humana, como o controle do fogo e a domesticação das plantas e dos animais, que ajudaram a nos tirar do estado de natureza, proporcionando um novo grau de controle sobre a biologia, neste caso a nossa. Mas isso é algo absolutamente bom ou ruim?

---

* A história do chá se desenrola de maneira um pouco diferente nas colônias norte-americanas. Como os ingleses, os colonialistas adquiriram o hábito do chá na mesma época que seus conterrâneos. Mas, no século XVIII, rebelaram-se contra os altos impostos que o rei cobrava, em um dos primeiros atos do drama da Revolução Americana. Em 16 de dezembro de 1773, manifestantes despejaram 342 baús de chá (contendo 50 mil quilos do insumo) no porto de Boston. Depois desse evento, que ficaria conhecido como Festa do Chá de Boston, a bebida patriótica se tornaria o café, que desde então ganhou mais popularidade do que o chá nos Estados Unidos. (N. do A.)

Perguntei se a cafeína era uma bênção ou não para Roland Griffiths durante uma de nossas entrevistas via Skype. Ele tinha um copo grande da Starbucks à sua frente e refletiu por um longo tempo antes de responder. "É evidente que, dada a forma como nossa cultura funciona, há momentos em que precisamos estar acordados e dormindo e precisamos nos apresentar para trabalhar em determinados horários. Não podemos mais simplesmente responder aos nossos ritmos biológicos naturais, então, na medida em que a cafeína nos ajuda a sincronizar nossos ritmos com os requisitos da civilização, ela é útil. Agora, se isso é útil para nós como espécie, é outra questão", concluiu, interrompendo o pensamento, mas deixando implícito que não era.

Em grande medida a resposta depende de onde você se encontra em relação às compensações da vida moderna e, acima de tudo, às do capitalismo. O conceito de "disciplina corporal" do filósofo Michel Foucault poderia ser usado para descrever os efeitos da cafeína, uma vez que ela ajudou a dobrar os seres humanos à roda da Máquina e às exigências de uma nova ordem econômica e mental. Vista dessa forma, a cafeína é uma maldição. Ela nos viciou em um regime que faz de nós trabalhadores mais tratáveis e produtivos, acelerando-nos para que possamos acompanhar melhor a máquina da vida moderna que o próprio homem criou.

A QUESTÃO DE QUEM se beneficiou mais com o advento da cafeína — a fábrica ou o trabalhador, o capital ou o trabalho — foi tema de um acalorado debate surgido em meados do século XX nos Estados Unidos. Na década de 1920, época em que gerenciamento e eficiência emergiam como disciplina científica, o impacto do café no ambiente de trabalho era muito estudado. Surgiu um consenso de que ele levou a um "aumento da capacidade de trabalho", nas palavras do pesquisador Charles W. Trigg, e ofereceu "uma ajuda para a eficiência da fábrica". Mas os cientistas estavam perplexos sobre *como* exatamente a cafeína poderia aumentar a energia das pessoas. A energia nos sistemas biológicos era até então entendida como uma função das calorias, mas o café ou chá sem açúcar não continham calorias. Então, de onde vinha aquele novo incremento de energia humana? Aquilo parecia violar as leis da termodinâmica, sugerindo que a cafeína poderia oferecer uma espécie de almoço grátis fisiológico. Mas, independentemente de isso poder ser explicado pela ciência, os empregadores foram rápidos em reconhecer e tirar proveito do benefício potencial da cafeína — para eles próprios.

(Na verdade, um dos primeiros "empregadores" norte-americanos a se valer do valor prático da cafeína foi o Exército da União durante a Guerra Civil. O Exército enviava para cada soldado quase três quilos de café por ano, ao mesmo tempo que o bloqueio econômico do Sul privou a Confederação de café. De acordo com o historiador Jon Grinspan, a perda do café afetou o moral — e talvez também o desempenho — dos soldados confederados, enquanto sua fácil disponibilidade para os soldados da União lhes deu uma vantagem. Um general da União chegou até a usar a cafeína como arma, ordenando que os homens enchessem seus cantis com café antes da batalha e planejando seus ataques para os momentos em que suas tropas estivessem com o nível máximo de cafeína no organismo. Mas esses soldados hiperativos simbolizavam uma verdade maior: que a Guerra Civil representava a vitória do Norte movido a cafeína, com sua economia industrializada acelerada, sobre a economia mais lenta e descafeinada da Confederação. Desde então, os militares norte-americanos desenvolveram vários produtos à base de cafeína — inclusive comprimidos e uma goma de mascar — disponíveis para seus soldados.)

Para entender melhor as origens do *coffee break*, ou "pausa para o café", uma expressão que só entrou para o vernáculo em 1950, considere o caso de duas empresas em Buffalo, Nova York: a Larkin Company (fabricante de sabonete) e a Barcalo Manufacturing Company (fabricante da poltrona reclinável) nos primeiros anos do século XX. A Barcalo oferecia pausas no meio da manhã e no meio da tarde para os funcionários; no entanto, eles tinham que levar e preparar o próprio café. (Os trabalhadores juntavam dinheiro para comprar o pó de café e só as funcionárias mulheres o faziam.) A Larkin, em contrapartida, oferecia café de graça, mas não dava aos funcionários nenhum intervalo de descanso durante o qual pudessem tomá-lo.

Só em 1950 o conceito moderno de pausa para o café — café de graça mais tempo livre pago para aproveitá-lo — foi estabelecido como instituição juridicamente reconhecida no ambiente de trabalho norte-americano. Isso aconteceu numa empresa de gravatas em Denver chamada Los Wigwam Weavers. (A história é contada no livro de 2020 *Coffeeland* [Cafélândia], do historiador Augustine Sedgewick.) Quando perdeu seus melhores funcionários jovens para o esforço de guerra, o dono da Wigwam, Phil Greinetz, contratou homens mais velhos para operar os teares. Por causa da complexidade dos designs e do número de cores nas gravatas, o trabalho era exigente e exaustivo, e os homens mais velhos não atendiam aos padrões de qualidade da empresa. Greinetz então tentou contratar mulheres de meia-idade para a função. As mulheres tinham a destreza necessária, mas não a resistência para trabalhar um turno completo. Em uma reunião com toda a empresa para discutir o problema, os funcionários propuseram a criação de dois intervalos de 15 minutos, um pela manhã e um à tarde, e que recebessem café.

Greinetz aceitou a sugestão, estabelecendo uma sala de descanso e a equipando com café e chá. Logo ele "notou uma mudança em seus trabalhadores", escreveu Sedgewick. "Quatro mulheres que estavam entre os piores funcionários agora estavam entre os melhores. Ao todo, as mulheres de meia-idade começaram a produzir tanto em seis horas e meia quanto os homens mais velhos em oito horas. Encorajado, Greinetz tornou as pausas obrigatórias."

Contudo, Greinetz achava que não deveria pagar os trabalhadores pelo que considerava uma folga, então descontou deles os trinta minutos do tempo da pausa. Mas deduzir esse tempo dos contracheques dos funcionários fez os salários ficarem abaixo do salário mínimo federal, levando a um processo do Departamento do Trabalho norte-americano contra a companhia. "No tribunal", relatou Sedgewick, "Greinetz falou sobre as mudanças extraordinárias que observou em seus empregados" desde a instituição das pausas para o café, mas, como os intervalos não eram tempo trabalhado, argumentou, ele não tinha obrigação de remunerar os funcionários por ele.

A empresa perdeu o caso. A justiça federal determinou que, embora os intervalos beneficiassem os trabalhadores, eles eram no mínimo "igualmente benéficos para o empregador ao promover mais eficiência e resultar em um aumento de produtividade que, por sua vez, é um dos fatores primários, se não o principal, que levou o empregador a instituir tais períodos de descanso". O juiz também indicou, corretamente, que as pausas para o café tinham "uma relação próxima" com o trabalho em si e que, portanto, deveriam ser compensadas como tal. A decisão consagrou o intervalo remunerado para o café na vida norte-americana. Como Sedgewick ressalta, "o princípio que os fisiologistas e chefes já haviam descoberto na prática — que o café acrescenta algo ao poder de trabalho do corpo humano independentemente dos processos e horários de refeições e digestão, algo além do que a ciência da energia e as leis da termodinâmica dizem ser possível — se tornou por si mesmo um tipo de lei".

Já o termo "pausa para o café" parece ter se popularizado em 1952, numa campanha publicitária do Bureau Pan-americano de Café, o braço de marketing dos produtores de café na América do Sul e Central. O slogan deles era: "Faça uma pausa para o café... e receba o que o café oferece a você!"

MAS COMO, EXATAMENTE, o café, e a cafeína em geral, oferece o que nos oferece? Como essa pequena molécula é capaz de fornecer energia ao corpo humano se não tem calorias? Será que a cafeína é mesmo o proverbial almoço grátis? Ou será que pagamos um preço pela energia mental e física (o estado de alerta, o foco e a resistência) que a cafeína nos proporciona?

Para responder a essas perguntas, é necessário entender algo sobre a farmacologia da cafeína. A cafeína é uma molécula minúscula que se encaixa perfeitamente em um receptor importante no sistema nervoso central, permitindo que ela o ocupe e, portanto, bloqueie o neuromodulador que se encaixaria nesse receptor e o ativaria. Esse neuromodulador se chama adenosina; a cafeína, sua antagonista, impede a adenosina de fazer seu trabalho ao bloquear seu caminho.

A adenosina é um composto psicoativo que tem um efeito depressivo e hipnótico (isto é, indutor do sono) no cérebro quando se liga ao seu receptor. Ela diminui a taxa de disparo de nossos neurônios. Ao longo do dia, os níveis de adenosina aumentam aos poucos na corrente sanguínea e, desde que nenhuma outra molécula bloqueie sua ação, ela começa a desacelerar as operações mentais em preparação para o sono. À medida que a adenosina se acumula em seu cérebro, você começa a se sentir menos alerta e a ter um desejo crescente de ir para a cama, algo que os cientistas chamam de pressão do sono.

Mas quando a cafeína vence a adenosina nesses pontos receptores, o cérebro não identifica mais o sinal para começar a desligar as luzes mentais. Mesmo assim, a adenosina continua circulando no cérebro — na verdade, seus níveis continuam a subir —, mas como os receptores foram sequestrados, não sentimos seus efeitos. Em vez disso, nos sentimos bem acordados e alertas. Estamos mesmo? Sim e não. Como nos sentimos é como nos sentimos, de fato, mas como Matthew Walker, neurocientista de Berkeley e pesquisador do sono, explica, uma vez que a adenosina continua a se acumular, você acabou de ser enganado pela cafeína, que está escondendo a adenosina de você, mas apenas temporariamente.

O que acabo de descrever é o efeito direto da cafeína no cérebro; mas ela também tem vários efeitos indiretos, incluindo aumentos de adrenalina, serotonina e dopamina. A liberação de dopamina é típica em drogas viciantes e provavelmente é responsável pelas qualidades que melhoram o humor — a taça do otimismo! — além de ser viciante. A cafeína também é vasodilatadora e pode ser um pouco diurética. Ela aumenta temporariamente a pressão arterial e relaxa os músculos lisos do corpo, o que pode ser responsável pelo efeito laxante do café. (Isso pode explicar parte da popularidade inicial do café; a constipação era um problema sério na Europa dos séculos XVII e XVIII.)

Mas o que é único na cafeína é a forma direcionada com que ela interfere em uma de nossas funções biológicas mais cruciais: o sono. Em seu livro de 2017, *Por que nós dormimos*, Walker argumenta que o consumo de cafeína — o estimulante psicoativo mais usado no mundo — "representa um dos mais longos e maiores estudos não supervisionados sobre o uso de drogas na espécie humana já conduzidos". Agora sabemos os resultados desse estudo e, se Walker estiver certo, eles são alarmantes.

Desde que as pessoas começaram a beber café e chá, as autoridades médicas, bem como charlatães de várias correntes, alertaram sobre os riscos à saúde humana representados por essas bebidas, ou seja, os perigos da cafeína. E desde o século XVII, quando as mulheres se preocupavam com o efeito do café na potência masculina, presumia-se que *devia* haver um problema. Talvez por acreditarmos mais na lei férrea da compensação do que na possibilidade de almoço grátis, os pesquisadores empreenderam uma pesquisa massiva, mundial, de séculos de duração, para identificar o preço cármico da cafeína; o modo com o qual nosso hábito apaixonado com certeza deve estar nos matando. Câncer? Hipertensão? Doença cardíaca? Doença mental? Em um momento ou outro, a cafeína foi acusada de causar todos esses problemas e muitos outros.

No entanto, pelo menos até agora, ela foi inocentada das acusações mais sérias. O consenso científico atual é mais do que tranquilizador — na verdade, a pesquisa sugere que o café e o chá, longe de serem prejudiciais à saúde, podem oferecer benefícios relevantes, desde que consumidos com moderação. O consumo regular de café está associado à diminuição do risco de vários cânceres (incluindo mama, próstata, colorretal e endometrial), doenças cardiovasculares, diabetes tipo 2, doença de Parkinson, demência e, possivelmente, depressão e suicídio. (Embora em altas doses possa causar nervosismo e ansiedade, e as chances de suicídio aumentem entre os que bebem oito ou mais xícaras por dia.)

O café e o chá são a principal fonte de antioxidantes na dieta norte-americana, fato que, sozinho, pode dar conta dos muitos benefícios para a saúde oferecidos por eles. (E você pode usufruir desses antioxidantes tomando café descafeinado.)* Minha revisão da literatura médica sobre as duas bebidas me fez pon-

---

* Isso pode ajudar a solucionar um aparente paradoxo: como o café e o chá podem ter um efeito tão positivo na saúde ao mesmo tempo que são responsáveis por problemas de sono que podem afetá-la negativamente? Um artigo de revisão de estudos de 2017 descobriu que o café descafeinado tem muitos dos efeitos benéficos para a saúde oferecidos pelo café comum, sugerindo que os antioxidantes, em vez da cafeína, podem ser mais importantes. (Grosso *et al.*, *Annual Review of Nutrition*, 2017.) (N. do A.)

derar se minha abstinência poderia comprometer não apenas minhas funções mentais como também minha saúde física.

No entanto, isso foi antes de eu ler seu livro, e depois conhecer e entrevistar Matthew Walker.

Por que nós dormimos é um dos livros mais assustadores que li. Walker é um britânico atarracado e de personalidade elétrica. Eu o descreveria como cafeinado, mas sei que não é. Ele é, sim, obstinado em sua missão: alertar o mundo para uma crise invisível de saúde pública, o fato de não estarmos dormindo o suficiente e termos um sono ruim; e um dos principais culpados neste atentado contra o corpo e a mente é justamente a cafeína. A substância em si pode não ser ruim para nós, mas o sono que ela nos rouba pode ter um preço: de acordo com Walker, pesquisas sugerem que sono insuficiente pode ser um fator de risco para o desenvolvimento de doença de Alzheimer, aterosclerose, derrame, insuficiência cardíaca, depressão, ansiedade, suicídio e obesidade. "Quanto menos você dorme", conclui ele sem rodeios, "mais curta será a sua vida".

Matthew Walker cresceu na Inglaterra bebendo grandes quantidades de chá-preto de manhã, à tarde e à noite. Hoje já não consome mais cafeína, exceto pelas pequenas quantidades em sua xícara ocasional de descafeinado. Na verdade, nenhum dos pesquisadores do sono ou especialistas em ritmos circadianos que entrevistei para esta reportagem faz uso da substância.

Eu me considerava uma pessoa que dormia muito bem antes de conhecer Matthew Walker. Na hora do almoço, ele me questionou sobre meus hábitos de sono. Eu disse a ele que costumo dormir por sete horas, adormeço com facilidade, sonho quase todas as noites. "Quantas vezes por noite você acorda?", perguntou ele. Respondi que acordo três ou quatro vezes por noite (em geral para ir ao banheiro), mas quase sempre volto a dormir.

Ele assentiu com uma expressão séria. "Nada bom, são muitas interrupções. A qualidade do sono é tão importante quanto a quantidade de sono." As interrupções estavam minando minha quantidade de sono "profundo", ou "onda lenta", um ponto acima e além do sono REM que sempre pensei ser a medida de uma boa noite de sono. Mas parece que o sono profundo é igualmente importante para a nossa saúde, e a quantidade que obtemos dele tende a diminuir com a idade.

Durante o sono profundo, ondas cerebrais de baixa frequência partem do córtex frontal e viajam em direção à parte posterior do cérebro, sincronizando no processo muitos milhares de células cerebrais em uma espécie de sinfonia neural. Essa harmonização de nossos neurônios nos ajuda a destilar e consolidar a tempestade de informações que coletamos durante o dia. Essas ondas lentas carregam nossas lembranças dos locais de armazenamento diário de curto prazo para pontos mais permanentes. Imagine a área de trabalho mental sendo limpa e reorganizada no final do dia de trabalho, com os arquivos cerebrais sendo guardados em seus devidos lugares ou descartados.

Com base em tantas interrupções durante o meu sono, Walker concluiu que eu tinha uma grave deficiência de sono profundo. "É do seu interesse resolver isso." Naquela noite, ele me enviou o link de um suplemento que supostamente melhora a função da próstata.

Quando chegou o dia do nosso almoço, eu ainda não tinha começado meu experimento de abstinência, e Walker perguntou sobre meu consumo de cafeína. Primeiro, uma xícara de café meio descafeinado, chá-verde ao longo manhã e, às vezes, se eu estiver desanimado, um cappuccino depois do almoço. Walker explicou que, para a maioria das pessoas, o "ciclo de vida" da cafeína costuma durar cerca de 12 horas, o que significa que 25% da cafeína em uma xícara de café consumida ao meio-dia ainda está circulando em seu cérebro quando você vai para a cama à meia-noite. O que pode muito bem ser o suficiente para destruir seu sono profundo.

Estremeci ao pensar na ocasional xícara de café após o jantar. "Há quem diga ser capaz de tomar café à noite e dormir com facilidade", disse Walker, com um toque de compaixão na voz. "Pode ser, mas a quantidade de sono de ondas lentas vai cair de 15% a 20%", disse ele. "Para diminuir tanto o seu sono profundo é preciso te envelhecer em 20%." O que significava que aquele *espresso* após o jantar me daria a péssima noite de sono de um homem doze anos mais velho. Imaginei a bagunça da área de trabalho do meu computador depois de um longo dia de trabalho em que negligenciei qualquer limpeza de arquivos.

A cafeína não é a única causa de nossa crise de sono; telas, álcool (que é tão prejudicial para o sono REM quanto a cafeína é para o sono profundo), produtos farmacêuticos, horários de trabalho, poluição sonora e luminosa e ansiedade podem minar tanto a duração quanto a qualidade do nosso sono. Mas a cafeína está no topo ou quase no topo da lista de culpados. Walker diz: "Se você traçar o aumento do número de Starbucks nos últimos 35 anos e o aumento da privação de sono durante esse período, as linhas serão muito semelhantes."

(Fiquei aliviado ao saber que Walker, desde então, diminuiu um pouco sua condenação ao café. Em uma conversa recente, ele sugeriu que os benefícios comprovados do "uso moderado de café pela manhã" podem superar o custo para nossa saúde do sono. "Afinal de contas", escreveu ele, "a vida é para ser vivida [até certo ponto]!")

Aqui está o fato excepcionalmente insidioso sobre a cafeína: a droga não é só uma das principais causas de nossa privação de sono; ela é também a principal ferramenta com a qual contamos para solucionar o problema. A maior parte da cafeína consumida hoje está sendo usada para compensar o sono ruim que a cafeína causa. O que significa que a cafeína está ajudando a esconder de nossa consciência o problema que a própria cafeína cria. Charles Czeisler, especialista em sono e ritmos circadianos da Harvard Medical School, expôs a questão de forma severa há vários anos em uma matéria da *National Geographic* em que foi entrevistado por T. R. Reid:

> A principal razão pela qual a cafeína é usada em todo o mundo é promover a vigília. Mas a principal razão pela qual as pessoas precisam dessa muleta é um sono inadequado. Pense nisso: usamos cafeína para compensar um déficit de sono que é em grande parte resultado do uso da cafeína.

Recentemente conversei com Czeisler e ele me disse que também não consome cafeína, mas compartilhou uma história sobre seu orientador de tese em Stanford, que consumia. Bill Dement foi um lendário pesquisador do sono, envolvido na descoberta da conexão entre o sono REM e os sonhos e o criador do campo da medicina dos distúrbios do sono.

"Uma vez, quando ele ficou hospedado na nossa casa, desceu de manhã e perguntou: 'Cadê o café?' Nós sequer tínhamos cafeteira! Então respondi: 'Sinto muito, Bill, mas, como você bem sabe, a cafeína é inimiga do sono.' 'Verdade', respondeu ele, 'mas também é amiga do despertar'!"

Não tenho certeza se Matthew Walker acharia graça nesta história.

A questão do sono sugere uma resposta ao enigma de como a cafeína pode ser uma fonte de energia humana. Nós temos a sensação de que ela nos dá energia porque ela está escondendo, ou adiando, nossa exaustão ao bloquear a ação da adenosina. À medida que o fígado remove a cafeína da circulação, a represa que segura toda a adenosina acumulada se rompe e, quando essa substância química inunda o cérebro, a pessoa desaba, sentindo-se ainda mais cansada do que antes da primeira xícara de café. Então, o que essa pessoa vai fazer? Provavelmente tomar outra xícara.

Parece que almoço grátis não existe. A energia que aquela xícara de café ou chá forneceu foi tirada do futuro e deve ser devolvida. Além do mais, há juros a serem pagos sobre esse empréstimo e que podem ser calculados de acordo com a quantidade e a qualidade do seu sono.

Nossa história sobre a xícara de "sol concentrado" parece estar se tornando sombria, e temo que ficará ainda mais sinistra antes de terminar. Pode-se argumentar que o café e o chá deram uma contribuição substancial e positiva para o avanço da "civilização" entre aspas no Ocidente, se com isso nos referimos às inúmeras benesses da cultura e do capitalismo, incluindo as artes, as ciências e o padrão de vida. Mas, assim como os consumidores de cafeína acabam tendo que pagar um preço biológico pela energia fornecida pela droga que escolheram usar, um preço econômico e até moral também foi pago. Quase desde o início, as bênçãos do café e do chá no Ocidente estavam inextricavelmente ligadas aos pecados da escravidão e do imperialismo, em um sistema global de produção organizado com uma racionalidade tão brutal que só poderia ter sido alimentado por — *o que mais?* — a própria cafeína.

Café e chá, como *commodities* produzidas no Sul para serem consumidas no Norte, emaranharam todos aqueles que as bebiam em uma nova e intrincada teia de relações econômicas internacionais, sobretudo o colonialismo e o imperialismo. O comércio de especiarias, outro mercado vibrante de estimulantes vegetais, precedeu o comércio da cafeína em alguns séculos, mas era minúsculo em comparação e, no que diz respeito ao consumidor final, envolvia principalmente os ricos.

No fim do século XVIII, o chá era consumido por quase toda a população na Inglaterra e tornou-se a *commodity* mais importante comercializada pela Companhia Britânica das Índias Orientais, respondendo por cerca de 5% do produto interno bruto do país. "Parece muito estranho", David Davies, clérigo inglês, observou no fim dos anos 1700, "que as pessoas comuns de qualquer nação europeia sejam obrigadas a usar, como parte de sua dieta diária, dois insumos importados de lados opostos da Terra".

Os dois insumos que Davies tinha em mente eram chá e açúcar, que foram combinados na Inglaterra logo após a introdução do primeiro — algo um tanto surpreendente, já que o chá na China nunca era adoçado. Ninguém sabe ao certo por que essa prática se enraizou, mas o chá importado pela Grã-Bretanha tendia a ser amargo e, como era bebido quente, absorvia bem grandes quantidades de açúcar. Na verdade, um dos principais usos do açúcar na Grã-Bretanha era como adoçante de chá, e o costume levou a um aumento substancial no consumo deste — o que, por sua vez, levou a um aumento da escravidão para manter as plantações de cana-de-açúcar do Caribe. (Estima-se que 70% do comércio de escravizados tenha sido aplicado na produção de açúcar.) O café estava ainda mais diretamente implicado na instituição da escravidão, sobretudo no Brasil, onde os cafeicultores importavam um grande número de escravizados da África para trabalhar em suas plantações. Quantos consumidores de chá e café na Europa faziam ideia de que seu hábito sóbrio e civilizado dependia de tamanha brutalidade?

O comércio de chá da Companhia Britânica das Índias Orientais com a China trazia uma mancha moral de outro tipo. Como a empresa tinha que pagar o chá em libras esterlinas e a China tinha pouco interesse em produtos ingleses, a Inglaterra começou a ter um déficit comercial desastroso com a nação asiática. A Companhia das Índias Orientais apresentou duas estratégias inteligentes para melhorar seu equilíbrio financeiro: ela se voltou para a Índia, um país que ela controlava, mas sem histórico de produção de chá em grande escala, e a transformou em um produtor líder desse insumo — e de ópio. O chá foi exportado para a Inglaterra e o ópio, apesar das extenuantes objeções do governo chinês, foi contrabandeado para a China, no que logo se consolidaria como um fluxo desastroso e inescrupuloso.

Em 1828, o comércio de ópio representava 16% das receitas da empresa e, em cinco anos, a Companhia das Índias Orientais enviava mais de duas toneladas de ópio indiano para a China por ano. Isso sem dúvida ajudou a eliminar o déficit comercial, mas milhões de chineses tornaram-se viciados, contribuindo para o declínio do que havia sido uma grande civilização. Depois que o imperador chinês ordenou a apreensão de todos os estoques de ópio em 1839, a Grã-Bretanha declarou guerra para manter a comercialização do ópio. Devido ao poder de fogo muito superior da Marinha Real, os britânicos prevaleceram, forçando a abertura de cinco "portos de tratado" e tomando posse de Hong Kong, em um golpe esmagador para a soberania e a economia da China.

Portanto, eis outro custo moral da cafeína: para que a mente inglesa fosse aguçada com chá, a mente chinesa precisava ser nublada com ópio.

AQUELES DE NÓS QUE apreciam uma xícara de café ou chá hoje sabem pouco mais sobre o sistema que os produz do que os consumidores sabiam durante a época da escravidão ou da Guerra do Ópio. A intrincada cadeia de suprimentos que nos fornece nossa dose diária de cafeína é invisível e, embora não repouse mais nas costas de escravizados africanos ou viciados em ópio chineses, um regime de exploração econômica permanece em sua base. Para cada café com leite de 4 dólares, apenas alguns centavos chegam aos fazendeiros que cultivam os grãos, a maioria dos quais são pequenos proprietários, trabalhando em alguns metros de terra íngreme, em algum canto rural de um país tropical. Nos últimos anos, o preço global dos grãos de café sofreu oscilações gigantescas e destrutivas, à medida que o mercado faz o que os mercados fazem: vasculha o mundo em busca do produtor com preço mais baixo no momento em que bem entende.

Na década de 1960, as nações produtoras de café do mundo se uniram para limitar essas oscilações, administrando o fornecimento de forma cooperativa. O Acordo Internacional do Café estabeleceu cotas de exportação para cada país produtor, como forma de manter os preços estáveis dentro de uma determinada faixa. Isso funcionou por muitos anos. Mas em 1989, após a ascensão da economia neoliberal e a consolidação do poder de compra nas mãos de um pequeno número de corporações multinacionais, o acordo do café desmoronou. Hoje, os preços são definidos pelos mercados futuros de Londres e Nova York e oscilam de forma drástica e imprevisível. Em muitos anos, os agricultores são forçados a vender suas safras por menos do que custou para cultivá-las. Dos 10 dólares que você pode pagar por meio quilo de café, apenas cerca de 1 dólar chega ao agricultor. No segmento mais valorizado do mercado, um punhado de empresas como a Starbucks e sistemas de certificação como o Fairtrade International vêm buscando melhorar a situação dos cafeicultores, pagando um preço garantido. Mas um mercado livre em qualquer safra de *commodities* cultivada por milhões de pequenos produtores e adquirida por apenas um pequeno punhado de grandes compradores inevitavelmente enriquecerá o último, ao mesmo tempo que tende a empobrecer o primeiro.

Talvez você pense que estou pintando um quadro tão sombrio do café e do chá porque, como aqueles soldados confederados, estou desmoralizado pelo fato de não poder tomar nenhum dos dois. Também pode estar se perguntando por que pareço estar reduzindo a rica e complexa cultura que cerca essas duas bebidas à química e à economia do cérebro. Sem dúvida, essa é uma maneira muitíssimo reducionista de enxergar duas coisas tão maravilhosas quanto o café e o chá.

Você tem razão. Não é minha intenção tirar nada das intrincadas culturas que cercam ambos e transcender a substância química que compartilham. O epítome da cultura da cafeína é, obviamente, a cerimônia do chá japonesa, que eleva o preparo e o consumo do chá a uma prática espiritual. Com as várias camadas de ritual da cerimônia, filosofia zen, gestos elaborados, diálogo roteirizado e uma estimada parafernália, pode-se facilmente perder de vista a realidade de que aquilo que está sendo consumido é uma droga.

Por que não há uma cerimônia do café comparável? (O que existe de mais próximo é a cerimônia tradicional do café na Etiópia, onde os grãos de café verdes são torrados em fogo aberto, moídos e, em seguida, fermentados em recipiente especial.) O que acho curioso é o quão diferentes, em matéria de simbolismo, esses dois sistemas de entrega de cafeína se tornaram. Como a cultura do chá se tornou muito mais refinada do que a forte cultura do café? Talvez tenha a ver com o fato de que uma xícara de café é mais forte do que uma de chá, que contém menos da metade da cafeína da primeira. Mas beba uma segunda xícara de chá e você estará igualmente cafeinado, então não pode ser só isso. Talvez seja o sabor, ou a química, ou a região de origem que explique isso, ou talvez as diferentes associações culturais de café e chá sejam simplesmente acidentes oriundos da história de cada bebida.

Seja qual for o motivo, as diferenças são marcantes. Em *The World of Caffeine* [O mundo da cafeína], Bennett Alan Weinberg e Bonnie K. Bealer contrastam nitidamente as culturas rivais ao propor uma série de dualidades agudas.

É tão óbvio que não preciso dizer qual termo se aplica a qual bebida:

masculino x feminino
barulhento x discreto
boêmio x convencional
óbvio x sutil
indulgência x temperança
vício x virtude
paixão x espiritualidade
casual x cerimonial
realista x inspirado
americano x inglês
o limiar x sala de estar
emoção x tranquilidade
submundo x sociedade
extrovertido x introvertido

puro sangue x decadente
Ocidental x Oriental
trabalho x contemplação
tensão x relaxamento
espontaneidade x ponderação
Beethoven x Mozart
Balzac x Proust

E assim por diante. Os vários sistemas de entrega de álcool exibem grau semelhante de elaboração — basta pensar nos significados culturais que acompanham o vinho em comparação com os relacionados à cerveja ou às bebidas destiladas.

Nós, seres humanos, aparentemente temos esse profundo desejo de complicar as coisas, de bordar a resposta biológica mais básica com as cores e texturas ricas da cultura. Na verdade, a própria ideia de que cada uma dessas bebidas constitua um "sistema de distribuição" de um composto psicoativo nos ofende um pouco. Mas alguém que ouve as elaboradas descrições do vinho sem nunca ter provado a bebida não teria ideia de que seu ponto-chave é o fato de alterar o estado de consciência. O mesmo se aplica ao café e ao chá — e não à maioria dos outros líquidos que consumimos. Alguém pensa tão a fundo — de forma tão metafórica — sobre as qualidades psicossensoriais do suco de laranja ou do leite?

Não, o chá e o café são especiais nesse aspecto. Considere esta lista de descritores usados para "degustação" ou "prova" de café que encontrei on-line. A relação foi compilada pela Counter Culture Coffee.

Só a categoria Vegetal/Terroso/Herbal é subdividida em vinte perfis de sabor, incluindo folhas verdes, feno/palha, tabaco, cedro, madeira fresca e solo. A categoria Salgado inclui carnoso e coriáceo. Existe a categoria Grãos e Cereais, subdividida em pão fresco, cevada, trigo, centeio, bolacha, granola e confeitaria. Doce e Açucarado inclui açúcar mascavo, xarope de bordo, melaço e cola. As outras categorias — Nozes, Chocolate, Frutas Secas, Frutas Vermelhas, Drupas, Cítricos, Florais, Temperos e Torrados — também são divididas em sabores específicos. Essa lista sequer inclui outro conjunto de descritores relativos ao corpo ou "sensação na boca", como semelhante a chá, sedoso, redondo, aveludado, grande e mastigável, ou uma lista separada para qualidades indesejáveis, incluindo mofo, fruta passada, pão dormido, curativo, papelão, composto, couro de animal e estragado/lixo.

Como é maravilhoso ser capaz de discernir e nomear uma panóplia de sabores, aromas e texturas — aparentemente toda a natureza — em uma xícara de café! Quase o mesmo pode ser dito sobre o chá, que tem seu próprio vocabulário sensorial evocativo, positivo e negativo e puramente descritivo. Portanto, um chá em particular pode ser criticado por ser forte, queimado, acastanhado (ou seja, exalando o cheiro da caixa de madeira em que foi armazenado), herbal, alcatroado ou barrento, ou elogiado por ser vivo, brilhante, abiscoitado, maltado, amendoado, defumado ou semelhante ao moscatel. Os degustadores comparam o aroma do chá a flores (lilás, jasmim, magnólia, *osmanthus*, orquídea, lírio, lótus, camélia, lírio-do-vale); a frutas (lichia, abacaxi, coco, maracujá, pinha); e a madeiras, em geral orientais (babosa, sândalo, canela, cânfora jovem, cânfora velha). Algumas dessas qualidades são puramente imaginárias, sem dúvida, mas a maioria corresponde a uma das centenas de moléculas encontradas no chá e no café — os ésteres, terpenos, aminas, ácidos, cetonas, lactonas, pirazinas, piridinas, fenóis, furanos, tiofenos e tióis que, juntos, constituem nossa experiência sensorial dessas bebidas.

Essas moléculas de sabor e aroma estão presentes em sua xícara, mas quanto isso importaria se não fosse por aquela outra molécula, a 1,3,7-trimetilxantina? As pessoas teriam descoberto o café ou o chá, quanto mais continuado a tomá-los por centenas de anos, se não fosse pela cafeína? Existem inúmeras outras sementes e folhas que podem ser mergulhadas em água quente para fazer uma bebida, e algumas delas têm um gosto melhor do que café ou chá, mas onde estão os templos dedicados a *essas* plantas em nossas casas, escritórios e lojas?

Convenhamos, as estruturas rococós de significado que erigimos sobre essas moléculas psicoativas são apenas uma maneira que a cultura tem de encobrir com uma capa de elegância nosso desejo de alterar o estado de consciência, usando para isso metáforas e associações refinadas. Na verdade, o que de fato nos faz adorar essas bebidas não é sua associação com fumaça de lenha, drupas ou biscoitos, mas com a experiência de bem-estar — de euforia — que elas nos proporcionam. Essa experiência, conhecida pelos pesquisadores de drogas como reforço, é o que praticamente garante que voltaremos ao chá, ao café ou ao vinho. Ela também tem o poder de alterar nossa percepção de seus sabores.

"As pessoas são muito iludidas quando se trata de gosto", explicou Roland Griffiths, pesquisador de drogas da Johns

Hopkins University. "É como dizer 'Adoro o gosto do uísque'. Não! Essa é uma preferência de sabor adquirida e condicionada. Quando combina determinado sabor com um reforço como álcool ou cafeína, você confere uma preferência específica por aquele sabor."

A cafeína está naturalmente presente no café e no chá, mas costuma ser adicionada aos refrigerantes — por que os fabricantes de refrigerantes fariam isso? Ainda mais em uma bebida consumida por crianças? A indústria alega (para a FDA e outros reguladores) que a cafeína é incorporada para dar sabor e que eles a adicionam para conferir o amargor que o alcaloide fornece. Sim, eles dizem isso, e na cara dura. Em 2000, o laboratório de Griffiths solapou essa alegação com um teste de sabor duplo-cego em que as pessoas que tomavam refrigerante de cola eram solicitadas a detectar diferenças em colas, algumas com cafeína e outras sem. A maioria não sentiu a diferença. E, ainda assim, as seis marcas de refrigerantes mais vendidas nos Estados Unidos contêm cafeína (em geral o mesmo tanto que uma xícara de chá). Griffiths diz que se você combinar cafeína com *qualquer* sabor, as pessoas vão expressar preferência por esse sabor. "Assim como quando eu digo 'Adoro o gosto do uísque'."

O experimento de Griffiths me lembrou de outro teste de sabor sobre o qual ouvi falar, mas levei um tempo para descobrir o que era (sem dúvida porque ainda estava sem cafeína): *as abelhas de Geraldine Wright!* Wright havia feito quase o mesmo teste com suas abelhas e descobriu que elas também desenvolveram uma preferência por néctar com cafeína. Nós, seres humanos, somos mais parecidos com as abelhas do que eu imaginava, manipuláveis com tanta facilidade, neste caso pelas empresas de refrigerantes, e não pelas plantas, a preferir qualquer marca de água com açúcar que tenha adicionado cafeína. Os fabricantes de refrigerantes descobriram o que as plantas aprenderam a fazer há muito tempo.

ERA HORA DE ENCERRAR meu experimento de privação de cafeína. Eu tinha aprendido o que pude, tive uma série de noites de sono excelentes e estava ansioso para ver o que um corpo que ficou livre de cafeína por três meses experimentaria quando submetido a algumas doses de café *espresso*. Eu havia retornado à condição de virgem de cafeína e estava mais do que pronto para sacrificar esse status a fim de reunir-me à comunidade humana dos consumidores de cafeína.

Eu havia pensado muito e por muito tempo, até com carinho, sobre onde iria para desfrutar minha primeira xícara. Definitivamente seria café; por mais que eu adore chá, não achei que ele pudesse me dar o choque psicoativo que eu tanto ansiava. A princípio, pensei em comprar minha primeira xícara no Peet's do meu bairro, que por acaso é o Peet's original, fundado em 1966. Na esquina da Walnut and Vine em North Berkeley, o Peet's agora é uma espécie de marco, o local de um momento decisivo na história do café. Foi Alfred Peet, o filho imigrante de um torrador de café holandês, que praticamente sozinho apresentou aos Estados Unidos um bom café. Antes de Peet abrir sua loja, os norte-americanos bebiam sobretudo café instantâneo ou de lanchonete em copos de papelão azul e branco ou café filtrado feito de latas de Folgers ou grãos da Maxwell House. Na época, a maior parte desse café era feita de grãos *robusta* de qualidade inferior, que são ricos em cafeína, mas amargos e unidimensionais no sabor. Mas era barato e era tudo o que conhecíamos.

Peet, que tinha experimentado coisa melhor na Holanda, insistia em comprar apenas grãos de *arabica* e torrá-los devagar, até que estivessem bem escuros. Seus padrões exigentes e a estética do Velho Mundo contribuíram muito para criar a cultura do café na qual vivemos agora. Generoso, Peet orientou toda uma geração de importadores e torrefadores de café norte-americanos, incluindo os fundadores da Starbucks, que trabalharam para ele na loja de Berkeley, aprendendo a selecionar grãos e torrá-los. Peet também ensinou os norte-americanos a pagar alguns dólares, em vez de 25 ou 50 centavos, por uma xícara de café, transformando-o em um novo tipo de bem de luxo diário. Portanto, haveria uma certa lógica poética em tomar minha primeira xícara neste santuário local do bom café.

Mas, infelizmente, eu não *amo* o café do Peet's. Não raro ele tem gosto de queimado. Então, decidi honrar uma tradição de café mais pessoal. Eu optaria por um "especial" no Cheese Board, a loja na Avenida Shattuck onde Judith e eu somos clientes regulares da manhã há muitos anos. Um especial é o termo do Cheese Board para um *espresso* duplo feito com um pouco menos de leite vaporizado do que o cappuccino típico; acho que é o que os australianos chamam de *flat white*.

Na parte da frente do Cheese Board, algumas vagas de estacionamento haviam sido convertidas em um parquinho lindo, com alguns bancos, canteiros de flores e árvores e um grosso balcão de madeira para se apoiar. Raramente tenho tempo para ficar ali, mas era uma manhã de sábado de verão tão adorável que decidimos nos sentar para desfrutar de nossos cafés e apreciar a vista. Ainda era cedo, então havia muitos pais jovens bebericando em seus copos de papel, os filhos pequenos absortos em seus muffins e bolinhos de chocolate — as crianças tendo sua própria experiência com drogas.

Meu especial estava *absurdamente* bom, um lembrete muito evidente de como um descafeinado é uma imitação ruim do original; ali estavam dimensões inteiras e profundidades de sabor que eu havia esquecido por completo! Quase dava para sentir as minúsculas moléculas de cafeína se espalhando pelo meu corpo, correndo pelas vias arteriais, deslizando sem esforço pelas paredes de minhas células, passando pela barreira hematoencefálica para assumir estações em meus receptores de adenosina. "Bem-estar" é o termo que melhor descreve a primeira sensação que registrei, e essa sensação cresceu, se espalhou e se fundiu até que decidi que a palavra "euforia" era justificada. E, no entanto, não houve nenhuma das distorções perceptivas que associo à maioria das outras drogas psicoativas; minha consciência parecia transparente, como se eu estivesse embriagado de sobriedade.

Mas essa não era a sensação familiar de cafeína — o feliz (e grato) retorno ao patamar usual, à medida que a primeira xícara dispersa as nuvens mentais. Não, era algo bem acima desse patamar, quase como se minha xícara tivesse sido enriquecida com algo mais forte, algo como cocaína ou álcool. *Eita, essas coisas são permitidas por lei?* Olhei ao meu redor, observando a cena fofa da calçada, as crianças em seus carrinhos de bebê e os cachorros os seguindo atrás de migalhas. Tudo em meu campo visual parecia agradavelmente italizado, cinematográfico, e me perguntei se todas aquelas pessoas com seus copos de papel envoltas em cintas de papelão tinham alguma ideia da poderosa droga que estavam consumindo. Como poderiam? Há muito elas se habituaram à cafeína e agora a usavam para outro propósito. Manutenção do patamar de consciência, ou seja, uma pequena animação extra bem-vinda. Me senti sortudo por ter essa experiência mais poderosa à minha disposição. Esse, junto com noites de sono estelares, foi o dividendo maravilhoso de meu investimento na abstinência.

No entanto, dentro de alguns dias eu estaria como eles, tolerante à cafeína e viciado outra vez. Eu me perguntei: havia alguma maneira de preservar o poder dessa droga? Seria possível criar um novo relacionamento com a cafeína? Quem sabe tratá-la mais como um psicodélico, como algo, digamos, a ser tomado apenas de vez em quando e com um grau maior de cerimônia e intenção. Beber café apenas aos sábados? Resolvi tentar.

Depois de cerca de meia hora, pude sentir a onda inicial de otimismo se transformar em algo um pouco mais maníaco e irritado. Um caminhão de lixo parou na calçada em frente a um restaurante do outro lado da rua. Impossível de ignorar, ele começou a sacudir violentamente grandes latas de plástico na sua abertura e, depois, devorou os dejetos. O barulho era insuportável, ou assim parecia, no que estava se tornando, percebi, um estado hipervigilante. Comecei a me sentir impaciente e passei a fazer listas mentais de tarefas que precisava terminar naquele dia. Perguntei a Judith se já podíamos ir para casa e ela concordou; a cena tinha perdido o encanto. Assim, subimos a colina de volta para casa.

Judith foi para seu estúdio, e eu fiquei para fazer, bem, o que quer que eu quisesse fazer — me dar uma folga no sábado de manhã, trabalhar no jardim, talvez fazer algumas ligações. Mas a cafeína tinha outros planos. Ela queria que eu abordasse minha lista de tarefas, aproveitasse a onda de energia — *de foco!* — correndo pelo meu organismo e fizesse bom uso dela.

Por alguma razão, isso tinha tudo a ver com jogar coisas fora. Fui ao meu computador e sistematicamente "cancelei a assinatura" de pelo menos uma centena de listas de distribuição de e-mails que estavam enchendo minha caixa de entrada. Foi ótimo. Até que me senti impaciente demais para continuar sentado à minha mesa. Outra tarefa de repente exigiu minha atenção: era hora de cuidar do meu guarda-roupas! Isso é algo que *eu jamais fiz* por vontade própria, mas naquele momento tudo que eu queria era tirar todos os meus suéteres da prateleira e organizá-los em quatro pilhas: precisando de lavagem, descartes comidos pelas traças, doações e peças ainda em uso. Normalmente, sou fiel às minhas roupas velhas e tenho dificuldade em aceitar que qualquer item tenha deixado de ser útil. Mas não hoje. Hoje fui impiedoso e logo enchi um grande saco de lixo não só com blusas, mas também tênis, camisas e até jaquetas esportivas, todos destinados à Legião da Boa Vontade e à boa viagem.

E assim a manhã seguiu, comigo realizando tarefas compulsivamente — no computador, no guarda-roupas, no jardim e no galpão. Varri, capinei, arrumei as coisas, como se estivesse possuído, o que acho que estava. Qualquer coisa em que me concentrei, concentrei-me zelosa e obstinadamente nela. Eu era como um cavalo com antolhos; a visão periférica e suas distrações tinham desaparecido por completo do campo de visão da minha consciência. Eu poderia me afundar em uma tarefa e facilmente não notar que uma hora havia se passado.

Por volta do meio-dia, minha compulsão começou a diminuir e me senti pronto para uma mudança de cenário. Eu tinha arrancado algumas plantas da horta que não estavam ganhando peso e decidi ir ao centro de jardinagem comprar outras para repor. Foi durante o passeio pela Avenida Solano que comecei a fantasiar à toa sobre tomar uma segunda xícara, e de repente percebi o verdadeiro motivo pelo qual estava indo para aquele centro de jardinagem em particular: em frente à Flowerland havia um trailer Airstream que servia um *espresso* muito bom.

Eu tinha tomado apenas uma xícara de café depois de três meses de abstinência, e os insidiosos tentáculos da dependência já estavam se enroscando em mim! O que tinha acontecido com minha resolução de tomar café apenas no sábado? Então ouvi uma voz dizer: "Mas hoje ainda é sábado!" Soube na mesma hora quem era: a voz inteligente e sinuosa do viciado. Usei toda a força de vontade que fui capaz de reunir para resistir a ela.

Durante minha pesquisa para esta reportagem, me ocorreu que eu nunca tinha visto uma planta de café ou chá. Bem, isso não é *inteiramente* verdade: alguns anos atrás, o Peet's do meu bairro tinha uma planta de café bastante triste e desgrenhada em um vaso perto da porta, mas ela nunca deu frutos e não durou muito. Eu nunca havia avistado uma planta de café em seu habitat natural. Resolvi então fazer uma visita à *Coffea arabica*.

Outros negócios tinham nos levado a Medellín, a porta de entrada para a principal região cafeeira da Colômbia, e assim, numa manhã de janeiro, Judith e eu alugamos um carro para ir até as montanhas ao sul da cidade. Nosso destino era Café de la Cima, uma fazenda de café, ou finca, a alguns quilômetros por uma estrada de terra esburacada perto de Fredonia, uma animada cidadezinha mercantil que se estendia à sombra de Cerro Bravo. Ao longo do caminho, passamos pelo Cerro Tusa, o triângulo verde perfeito de um vulcão representado no logotipo do café colombiano. Todo norte-americano já viu isso mil vezes em embalagens de grãos e em tantos comerciais de café colombiano — os anúncios clássicos com Juan Valdez.

Só que Juan Valdez, na verdade, é um camponês puramente fictício. Ele foi concebido no cérebro de um redator publicitário no escritório de Manhattan da agência de publicidade Doyle Dane Bernbach, em 1958, com o objetivo de vender café colombiano para o mundo. Octavio Acevedo e seu filho Humberto, proprietários do Café de la Cima, poderiam ter servido de modelo para Valdez, inclusive com o chapéu de palha e o ponche colorido. (A única coisa que falta na cena é Conchita, a fiel burra de Valdez.) Humberto, que nos mostrou a fazenda de três hectares, é a quarta geração a cultivar café nesta encosta íngreme e exuberante. Mas a operação mudou de forma significativa desde que seu avô estivera no comando.

"Cinco anos atrás", explicou Humberto quando partimos para visitar suas fábricas, "meu pai decidiu que queria provar o café que estava plantando". Era uma ideia radical; a maioria dos camponeses vende seus grãos a intermediários enquanto eles ainda estão "verdes", ou seja, recém-colhidos e não processados. Quando eles tomam café, é café cultivado por outra pessoa e provavelmente *tinto* — o café espesso e concentrado feito de grãos baratos que a maioria dos colombianos bebe até hoje. Todos os melhores grãos vão para o mercado de exportação. Mas Octavio percebeu que não havia futuro para um pequeno agricultor vendendo uma safra de *commodities* no que se tornou um mercado global turbulento, então decidiu que tentaria vender algo diferente: café cultivado, colhido, limpo, fermentado, seco e torrado na fazenda. O Café de la Cima se tornaria uma marca no mercado de café artesanal, além de um destino para pessoas como eu, curiosas para saber onde e como seu café é produzido.

Humberto estava ansioso para nos apresentar os doze mil pés de café, uma mistura de Bourbon e Castillo, com quem a família compartilha esta encosta verdejante e ensolarada. O café gosta de montanhas tropicais porque a planta precisa de muita chuva e de uma drenagem excepcionalmente boa para prosperar. O cultivo em altitudes mais elevadas (o Café de la Cima está a 1.600 metros acima do nível do mar) também permite que a planta escape de uma de suas pragas mais destrutivas, o fungo que causa a ferrugem.

A mudança climática já vem empurrando a produção de café para pontos ainda mais altos da montanha, dificultando a vida dos agricultores. Cafezais são notoriamente exigentes com relação a chuvas, temperatura e exposição à luz solar, fatores que vêm mudando na Colômbia, fazendo com que terras que sempre foram boas para a produção de café já não sejam mais viáveis. No mundo todo, as perspectivas para a produção de café em um clima em mudança são, segundo os agrônomos, desanimadoras. Segundo uma estimativa, cerca de metade da área de cultivo de café do mundo — e uma proporção ainda maior na América Latina — será incapaz de sustentar a planta até 2050, tornando o café uma das safras mais imediatamente ameaçadas pela mudança climática. O capitalismo, tendo se beneficiado muitíssimo de sua relação simbiótica com o café, agora ameaça matar a galinha dos ovos de ouro.

Humberto nos conduziu por um caminho íngreme atrás da sede. Passamos por um viveiro onde ele estava plantando mudas de café — dezenas de mudas minúsculas, cada uma com um grão de café bronzeado como um chapéu partido ao meio. É fácil esquecer que os grãos de café são, em primeiro lugar, sementes. Em vez de comprar plantas de reposição quando a produção declina, Humberto começou a selecionar e germinar as próprias sementes, vasculhando a fazenda em busca de espécimes que prosperem em seu solo e microclima específicos.

Depois do viveiro, cruzamos um pequeno riacho e chegamos à primeira fileira de pés de café: linhas paralelas e curvas de arbustos podados com um metro e meio de altura, grossos, com folhas verdes brilhantes e galhos delgados revestidos de "cerejas". A maioria dos frutos ainda estava verde, mas havia um punhado de unidades vermelhas e brilhantes que pareciam mais cranberries do que cerejas. Humberto entregou a Judith e a mim uma cesta, usada na frente na altura da cintura e suspensa por uma alça no ombro. E então nos enxotou: "Vão lá colher um pouco de café!"

Cada um de nós seguiu seu caminho, pisando com cuidado em uma linha estreita diferente de arbustos verdes pontiagudos. A encosta é tão íngreme que tive que desviar de planta em planta, curvando-me e estendendo a mão por entre as folhas para colher só as cerejas mais vermelhas, uma a uma, que fui depositando na cesta. Mordi um fruto vermelho maduro. A polpa tinha um gosto frutado e doce, com apenas um leve toque de sabor de café, e no centro havia uma pequena semente marrom, dividida em dois lóbulos como um par de nádegas em miniatura.

Humberto me disse que são necessários cerca de cinquenta grãos para fazer uma única xícara de café; depois de meia hora de colheita, eu tinha coletado grãos suficientes para talvez quatro ou cinco xícaras, e minhas costas e pés já estavam doendo. Era difícil acreditar que o café ainda era colhido à mão, de grão em grão, que tão pouco havia mudado ao longo dos séculos. Mas a inclinação dos pomares desestimula tanto a mecanização quanto a consolidação; a agricultura cafeeira ainda é dominada por milhões de pequenos agricultores com acesso mais rápido à mão de obra do que ao capital.

A maior inovação do Café de la Cima é aquela que tirou Conchita do mercado de trabalho. Hoje, quando o catador enche a cesta, ele não a amarra mais na parte de trás de um burro para descer a encosta. Agora basta derramar as cerejas de café em uma caixa de concreto no topo da colina; um fluxo de água de poço as escoa através de um tubo de aço, levando-as montanha abaixo e para o galpão de processamento.

Não colhi café suficiente para encher a minha cesta, nem perto disso. O que me desacelerou foi ter que parar para esticar as pernas e me endireitar a cada poucos minutos, caso contrário sentiria uma baita dor nas costas. A encosta era tão íngreme e as fileiras tão estreitas que achei difícil garantir um ponto de apoio seguro com os pés. Eu me sentia desequilibrado o tempo todo, o que dificultava trabalhar com eficiência. Entre os arbustos de café, eu me sentia um intruso, um estranho em um habitat muito mais adequado para eles do que para um bípede.

Quando saí da fileira em que estava trabalhando e observei os Andes, uma dobra verdejante sobreposta à outra, vi fileiras de cafezais verdes e brilhantes serpenteando pela paisagem, cada uma seguindo os contornos horizontais e subindo pelos flancos íngremes das montanhas. Era difícil imaginar como aquela cena rural remota e sonolenta tinha algo a ver com nossas vidas urbanas cotidianas, mas uma não existe sem a outra. Dois reinos que se tornaram intimamente conectados e que agora se veem implicados no destino um do outro por poderosos vetores de comércio e desejo. O nosso apreço pelo café, hábito com apenas algumas centenas de anos, reconfigurou não só esta paisagem e a vida das pessoas que a mantêm, como também os ritmos de nossa civilização.

No entanto, não foi só o sabor do café que fez tais maravilhas; foi também, crucialmente, a minúscula molécula que contribui para o amargor da bebida, e o que essa molécula fez com nossas mentes depois de entrar em nossos cérebros. O que é impossível ver desta distância é como todas as folhas verdes brilhantes que cobrem essas montanhas estão neste exato momento transformando os fortes raios do sol tropical e os nutrientes desses solos avermelhados em 1,3,7-trimetilxantina. As plantas transformaram essas encostas de montanhas em fábricas de cafeína. O que é difícil de entender, estando aqui, é como uma paisagem tão sem pressa e tranquila como esta pode ser o motor de tanta velocidade, energia e indústria no mundo ao qual voltarei em breve.

Empoleirado um tanto torto na encosta íngreme de uma dessas montanhas de cafeína, meu principal pensamento foi: *é realmente preciso reconhecer o feito desta planta*. Em menos de mil anos, ela conseguiu se deslocar de seu berço evolucionário na Etiópia até as montanhas da América do Sul e além, usando nossa espécie como vetor. Pense em tudo o que fizemos em nome dela: o café conquistou mais de 27 milhões de acres de novo habitat, designou 25 milhões de seres humanos para cuidar bem dela e aumentou seu preço até que se tornasse uma das safras mais preciosas do planeta.

Esse sucesso surpreendente se deve a uma das estratégias evolucionárias mais astutas já encontradas por uma planta: o truque de produzir um composto psicoativo que acende a mente de um primata muito inteligente, inspirando esse animal a feitos heroicos de trabalho, muitos dos quais, no fim das contas, redundam em benefício da própria planta. Pois o café e o chá não só se beneficiaram pela satisfação do desejo humano como tantas outras plantas, como também ajudaram na construção do tipo de civilização em que poderiam prosperar: um mundo rodeado pelo comércio global, impulsionado pelo capitalismo de consumo e dominado por uma espécie que agora mal sai da cama sem sua ajuda.

Sim, tudo isso começou como um acidente da história e da biologia — lembra das cabras que supostamente inspiraram aquele pastor curioso a provar seu primeiro café? Mas é assim que a evolução funciona: os acidentes mais propícios da natureza tornam-se estratégias evolutivas para dominar o mundo. Quem poderia imaginar que uma substância metabólica secundária das plantas desenvolvida para envenenar insetos também proporcionaria um raio de prazer energizante ao cérebro humano e, em seguida, alteraria a neuroquímica desse cérebro de uma forma que tornaria essas plantas indispensáveis?

Surge a pergunta: qual lado está levando a melhor no arranjo simbiótico entre o *Homo sapiens* e essas duas grandes plantas produtoras de cafeína? Provavelmente não temos a perspectiva necessária para julgar a questão com imparcialidade, ou para depreender como uma planta "usada" por nós pode na verdade estar nos usando. Primatas de cérebro grande e egoístas que somos, assumimos que estamos dando as cartas com essas duas espécies "domesticadas", transportando-as e plantando-as onde quisermos, ganhando bilhões de dólares com elas e distribuindo-as para satisfazer nossas necessidades e desejos. *Estamos no comando*, dizemos a nós mesmos. Mas não é exatamente isso que esperaria que um viciado dissesse? É óbvio *que estamos*. Tenha em mente que a cafeína é conhecida por produzir ilusões de poder nos humanos que a consomem e que essa história de sucesso na conquista do mundo seria muito diferente se as próprias plantas fossem capazes de escrevê-la.

Minha relação pessoal com a cafeína continua em evolução. Tenho tentado honrar a epifania que tive durante minha "viagem" do café (que é como me lembro): que há uma maneira melhor de se relacionar com essa bebida do que como um viciado, uma relação que resguardaria tanto as minhas atividades quanto o poder da planta. Então, por várias semanas, bebi café com cafeína apenas aos sábados. Isso melhorou tão drasticamente meus sábados que aos poucos comecei a ingerir um pouco de cafeína durante a semana; uma xícara de chá-verde para limpar os resíduos de uma manhã particularmente confusa ou um descafeinado quando queria sentir o gosto de café. Mas, como acontece com tantos vícios, essa ladeira é escorregadia; a mente inventa argumentos elaborados com o propósito de minar nossas melhores intenções. Suspeito que seja mais fácil impor um banimento absoluto do que um banimento com exceções e, portanto, sujeito à racionalização e ao autoengano.

Minha última ideia é simples: ingerir um pouco de cafeína aos sábados, por prazer (e nas tarefas domésticas), mas também em alguns momentos selecionados, "quando eu precisar". Em outras palavras, uso café ou chá como ferramentas, em vez de deixar que o café e o chá me usem. Eu me lembro de Roland Griffiths me dizendo que houve um tempo em sua vida em que ele usava cafeína dessa forma, só quando tinha que cumprir um prazo, digamos, ou estava desenvolvendo um projeto. É verdade que, quando ele me disse isso, estava bebendo um grande copo de café do Starbucks, sugerindo que nossa chamada por Skype comigo se qualificava como uma ocasião especial ou que o regime acabou fracassando. Mas talvez eu pudesse mantê-lo. Eu tentaria.

Vejamos a manhã de hoje por exemplo. Não é sábado. Estou escrevendo os últimos parágrafos desta história, sempre um exercício cansativo. As pessoas falam muito sobre a importância dos começos, mas os finais também são cruciais; idealmente, eles deveriam tocar um sino que vai reverberar muito depois que o leitor fechar o livro. (Supondo que você tenha chegado até aqui, mas você chegou.) Adiei escrever este final por vários dias seguidos, não sei muito bem como lidar com isso. Você deve lembrar que comecei esta história em meio a uma crise, tendo largado a cafeína (em prol da história) e, com isso, minha confiança no valor do que estava prestes a escrever diminuiu. Por fim, encontrei meu rumo e consegui reacender o interesse pelo tema mesmo sem usá-la. Eu tinha me libertado das garras da substância, ou era assim que eu gostava de pensar.

Hoje de manhã, porém, com a intenção de encontrar essas últimas palavras, tentando cumprir meu prazo, senti que precisava e, honestamente, que merecia, algo extra para me empurrar até a linha de chegada. Mas era quinta-feira. Seria um motivo forte o suficiente para quebrar minha regra de sábado? Enquanto Judith e eu descíamos a colina para o Cheese Board pela manhã, eu não tinha certeza do que pediria, até o momento em que cheguei na frente do caixa. Não foi só o barista que se surpreendeu quando estas palavras saíram da minha boca: "Um café comum, por favor."

MESCALINA

1. A porta na parede

Estava tudo pronto, tudo se encaixando perfeitamente: as viagens programadas, o acesso garantido; todos os elementos narrativos da minha reportagem sobre a mescalina estavam bem alinhados. Em abril, eu pegaria um avião para Laredo e iria de carro até os Jardins Peiote, a faixa de arbustos espinhosos que corre ao longo dos dois lados do Rio Grande e o único lugar no mundo onde o cacto peiote cresce selvagem. Um cactologista (cactologista?, acho que é assim que se chama) chamado Martin Terry se ofereceu para me guiar em um passeio, depois do qual nos encontraríamos com um grupo de nativos norte-americanos de vários povos em sua peregrinação anual para reunir aqueles cactinhos quase imperceptíveis para suas cerimônias. Na cultura ocidental, o peiote é um "psicodélico" relativamente obscuro, mas é um sacramento precioso na Igreja Nativa Americana, a religião de vários povos que surgiu na década de 1880, quando a civilização indígena na América do Norte estava à beira de aniquilação. Os nativos norte-americanos que entrevistei afirmaram que suas cerimônias de peiote haviam feito mais para curar as feridas do genocídio, do colonialismo e do alcoolismo do que qualquer outra coisa que haviam tentado. Eu tinha arranjado uma oportunidade para ver com meus próprios olhos: um convite para observar e, com sorte, participar de um encontro de peiote, uma cerimônia meticulosamente coreografada que dura uma noite inteira, conduzida em torno de uma fogueira em uma tenda. E havia também toda a história em torno do São Pedro, o outro cacto produtor de mescalina, este dos Andes, onde foi usado pelos povos indígenas durante séculos antes da conquista espanhola. Um xamã de Cuzco chamado Don Victor estava vindo a Berkeley para conduzir uma cerimônia para a qual consegui um convite. O texto sobre a mescalina começava a se escrever sozinho. Eu estava animado: era uma história que prometia me distanciar do meu mundo costumeiro, não apenas geograficamente, mas cultural, farmacológica (eu nunca tinha experimentado mescalina em qualquer forma) e até linguisticamente, já que estava me aventurando em um reino em que os termos ocidentais que uso, como "droga" e "psicodélico", eram considerados ofensivos. Eu tinha ouvido falar de um jornalista que, numa conversa com um xamã Huichol, se referiu ao peiote como droga. "Aspirina é droga", respondeu o xamã. "Peiote é sagrado."

E então, em meados de março de 2020, a pandemia de covid-19 explodiu no mundo, interrompendo todos nossos planos. Don Victor não conseguiu viajar. A peregrinação ao Texas foi cancelada e a cerimônia de novembro ficou em suspenso.

Talvez as coisas estivessem melhores até lá (todos os envolvidos esperavam por isso), mas, como a primavera se transformou em verão e o vírus não parecia ceder, comecei a perder as esperanças de viajar ou fazer qualquer reportagem que não se restringisse ao Zoom. Toda a ideia de viajar, de expandir o conhecimento — *a mente!* — com novas visões e experiências, de repente se tornou impensável. O horizonte mental das pessoas parecia ter sido repentina e drasticamente reduzido, parecia que as possibilidades de experiência, pelo menos aquelas que dependem do deslocamento e do contato humano, estavam se contraindo. Por quanto tempo, ninguém sabia.

Não que isso fosse *de todo* ruim; 2020 trouxe a primavera mais linda já vista, sobretudo, suspeito, por ter sido a primeira primavera na qual todos nós tivemos a oportunidade de parar por tempo suficiente para notá-la de verdade. Judith e eu caminhávamos pelos Berkeley Hills todas as manhãs e noites, percebendo, semana após semana, o desenrolar do calendário floral: as magnólias e camélias de março dando espaço para as glicínias de abril, os perfumados jasmins e rosas de maio para as papoulas e margaridas de junho. A natureza seguiu em frente em sua glória, alheia ao vírus.

Mas depois de várias semanas na agradável zona limítrofe daquilo a que começamos a nos referir como "pausa", uma leve claustrofobia começou a se instalar. Quando Fauci* disse

---

* Para os leitores futuros, "Fauci" é o homem que todo mundo nos Estados Unidos conhecia como Dr. Anthony Fauci, o diretor do Instituto Nacional de Alergia e Doenças Infecciosas e conselheiro do governo norte-americano sobre o novo coronavírus. Na época em que escrevi este texto, ele não precisava ser apresentado pelo nome completo. (N. do A.)

que poderíamos esperar mais um ano disso, fui forçado a enfrentar o fato de que "isso" era a vida presente, até onde era possível prever. Era provável que as novas experiências que estavam suspensas jamais acontecessem. O capítulo da vida que eu estava ansioso para escrever — ou seja, o capítulo sobre a mescalina e o que ela tinha a me ensinar sobre tudo, da cultura indígena ao nascimento de uma nova religião, da botânica dos cactos às possibilidades da consciência humana — provavelmente estava destinado a permanecer em branco, cancelado, como tantas outras coisas, pela covid-19.

Depois de alguns dias sentindo uma pena irracional de mim mesmo, já que, na escala das perdas de 2020, as minhas eram insignificantes, decidi que deveria tentar abordar o problema de maneira um pouco diferente. Eu podia esperar a vacina, é óbvio. Ligar para o meu editor e adiar a entrega do texto por um ano ou mais. Ou eu poderia escolher considerar essa obstrução que a história e a vida haviam colocado em meu caminho como um estímulo para pensar melhor ou mais inventivamente, como algo a ser superado, circum-navegado ou de alguma forma ultrapassado. De alguma forma.

E então numa tarde ensolarada de junho, enquanto a primavera de 2020 se transformava no primeiro verão da pandemia, eu me vi relendo *As portas da percepção*, o clássico de Aldous Huxley que relata sua primeira experiência com a mescalina em 1953. Huxley descreve um "apetite fundamental da alma" como forma de transcender as limitações das circunstâncias, as várias paredes — sejam de hábito, convenção ou individualidade — que nos confinam. Para ele, foi a mescalina que lhe mostrou uma "porta na parede".

E foi então que me dei conta: talvez a própria mescalina possa ter uma resposta, possa apontar o caminho ao redor ou através do obstáculo que eu enfrentava. Se já houve uma história que deveria ser contada sem sair de casa, certamente era sobre uma molécula que transportou a mente para novos lugares, os lugares que não podiam ser bloqueados. Veja bem, digo isso como alguém que nunca experimentou mescalina, seja na forma de peiote, São Pedro ou de cristal sintético numa pílula, e eu não fazia ideia de como obtê-la. Mas essa ideia esperançosa, talvez maluca, tinha se enraizado: talvez a mescalina não fosse apenas o assunto da história, mas também, de alguma forma, a ferramenta que me permitiria contá-la sem ir a lugar nenhum. Quero dizer, junto com o Zoom.

2. Órfão psicodélico

MEU FASCÍNIO PELA MESCALINA é bem recente. Quando li Huxley pela primeira vez, nos anos 1990, eu não tinha provado nenhum dos psicodélicos "clássicos", então tendia a vê-los todos como uma coisa só, e li o livro como um relato do tipo de experiência que qualquer psicodélico podia provocar. Em 1954, quando *As portas da percepção* foi publicado, o LSD havia surgido há pouco tempo (pelos Laboratórios Sandoz no fim dos anos 1940), e demoraria alguns anos até o Ocidente descobrir a psilocibina, com a publicação em 1957 do relato de Gordon Wasson sobre "os cogumelos que causam visões estranhas" na revista *Life*. Embora a palavra "psicodélico" só tenha sido cunhada em 1956, o relato de Huxley de sua jornada com a mescalina permaneceu, e ainda é, o cânone da "viagem psicodélica".

Foi só depois que experimentei um cardápio mais amplo de moléculas psicodélicas — LSD, psilocibina, 5-MeO-DMT e ayahuasca — que comecei a pensar na mescalina, que tinha se tornado uma entrada bastante obscura naquele cardápio, raramente encontrada e pouco discutida. Agora, relendo Huxley depois de ter aquelas experiências, eu percebia quão distinta a mescalina era dos demais psicodélicos. Huxley não descreveu ter deixado o universo conhecido, viajando para um "além" povoado por personagens estranhos ou decorado com padrões visuais extraordinários; de fato, ele não relatou alucinações. Ele não viajou para dentro para sondar as profundezas de sua psique ou para recuperar memórias suprimidas. Nem seu ego se dissolveu, permitindo que ele se fundisse com o universo ou deus, ou a natureza. Ele não relatou a epifania psicodélica (clássica) de que o amor é a coisa mais importante do universo.

Não, Huxley permaneceu nesta terra, sentado em seu jardim em Los Angeles, observando o mundo físico familiar, porém com novos olhos:

> "É assim que se deve ver", eu repetia enquanto olhava para minhas calças ou para os livros enfeitados com joias nas estantes, para as pernas da minha cadeira infinitamente mais do que van-goghianas. "É assim que se deve ver, como as coisas realmente são."

Huxley enxergava mal, mas não naquela tarde em particular. O mundo material se revelou a ele em toda a sua beleza, detalhe, profundidade e "realidade"; como de fato era, o que quer que isso signifique. (Eu me pergunto: a novidade e o poder desse tipo de percepção radical impressiona tanto as mulheres quanto os homens? Tendo a duvidar.) Huxley gastou horas (e páginas) divagando sobre o "ser" de uma cadeira, um buquê de flores e as dobras de suas calças de flanela cinza, encantado com "o fato milagroso da existência absoluta". Os objetos não estavam se levantando e dançando, ou se transformando no deus Shiva, ou falando com o observador; eles estavam apenas *sendo*, e isso foi algo espantoso!

"Como as coisas de fato são." Surge a pergunta: por que não as vemos assim o tempo todo? Huxley sugere que a consciência comum evoluiu para manter essas informações longe de nós por um bom motivo: para evitar que fiquemos continuamente surpresos, para que possamos levantar de nossa cadeira de vez em quando e ir viver. Huxley reconheceu o perigo de ficar o tempo todo aturdido pela realidade: "Pois, se sempre se visse assim, nunca mais haveria vontade de fazer outra coisa."

É por isso que nossa percepção usual do mundo é "limitada ao que é biológica ou socialmente útil"; nosso cérebro evoluiu para admitir à nossa consciência apenas o "mísero filete" de informações necessárias para nossa sobrevivência e nada mais. No entanto, há muito mais na realidade, e 400 miligramas de sulfato de mescalina foi o que bastou para abrir o que Huxley chama de "válvula redutora" da consciência, também conhecida como as portas da percepção.

Ler o relato de Huxley em quarentena durante uma pandemia intensificou meu desejo de provar mescalina. A ideia de que uma molécula poderia de alguma forma aprofundar ou expandir a amplitude da realidade de alguém sugeria uma estratégia mental sob medida para a situação. Fui lembrado da adorável fala que Shakespeare deu a Hamlet, sob um tipo diferente de claustrofobia: "Poderia estar preso a uma casca de noz e me ver rei do espaço infinito." A mescalina podia oferecer um modo de fazer isso, não só como forma de escapar das circunstâncias, mas como uma expansão delas. Em vez de uma realidade alternativa, prometia uma quantidade infinitamente maior da nossa.

HUXLEY EXPERIMENTOU A MESCALINA porque queria aprender algo sobre a mente e sua relação com a realidade. O que ele aprendeu sem dúvida foi influenciado por suas próprias predileções e preconceitos, mesmo que ele alegasse desejar escapar deles ao acessar algo próximo de uma "percepção direta" da realidade. (Se há um vilão em *As portas da percepção*, são as limitações do poder da palavra e dos conceitos — o que é irônico, talvez, para um escritor, ou talvez não, uma vez que todo escritor é agudamente consciente das limitações e traições de sua principal ferramenta de trabalho.) Todas as preocupações e motivações específicas de Huxley — como intelectual e escritor ocidental, como inglês vivendo em Los Angeles, como uma pessoa com "vista ruim" — agem ativamente na formação de sua experiência com mescalina. Huxley pode falar sobre "percepção direta", mas o homem não consegue olhar para uma cadeira sem pensar em Van Gogh, ou para os vincos em suas calças sem pensar sobre pano dobrado em um Botticelli. Embora Huxley às vezes faça referência à arte e ao pensamento do Oriente, o cenário e a ambientação de sua experiência dificilmente poderiam ser mais ocidentais ou mais brancos.

Contudo o herói molecular do livro de Huxley veio para o Ocidente trazido dos povos e da flora nativa da América do Norte — podemos chamar isso de presente, ou como alguns chamam agora, de roubo. Apesar de ter sido um químico alemão quem, em 1897, isolou pela primeira vez a molécula psicoativa no *Lophophora williamsii*, o cacto peiote, e embora em 1919 tenha sido um químico austríaco quem primeiro sintetizou a mescalina, o próprio cacto era usado pelos povos indígenas da América do Norte há pelo menos seis mil anos, o que faz desta a substância psicodélica conhecida há mais tempo, assim como a primeira a ser estudada pela ciência e ingerida por ocidentais curiosos.

Alguns desses ocidentais curiosos estavam bastante conscientes da alteridade que a mescalina representava para eles — e eram especificamente atraídos por isso. Antonin Artaud, escritor e dramaturgo francês (1896-1948), foi atraído pela mescalina porque ela "não foi feita para brancos". Ele encontrou os Tarahumara no México, que tentaram dissuadi-lo de usá-la porque isso poderia ofender os espíritos. "Um branco, para esses homens vermelhos, é aquele que os espíritos abandonaram." Para ocidentais cosmopolitas como Artaud, a mescalina detinha o poder de reencantar um mundo do qual os deuses haviam partido.

Embora a mesma química esteja em jogo, os usos e significados da mescalina sintética para os ocidentais e do cacto peiote para os povos indígenas dificilmente poderiam ser mais diferentes. A importância da noção de cenário e ambientação de Timothy Leary como elementos formativos da experiência psicodélica sem dúvida se aplica tanto a culturas quanto a indivíduos. O uso da palavra "química" na primeira frase do parágrafo trai minha própria orientação. No entanto, minha esperança ao explorar os dois mundos da mescalina, o ocidental e o indígena, era pelo menos tentar compreender, se não transpor, o abismo que os separa. Mas o relato de Huxley sobre a mescalina (ou o meu, supondo que eu tenha que escrever um) de alguma forma mapeou a experiência dos nativos norte-americanos com o peiote? A fenomenologia que ele descreve — a absorção quase devocional do mundo dado — rima de alguma forma com a compreensão indígena da natureza não apenas como um símbolo do espírito, mas como algo imanente — uma manifestação dele? Fiquei impressionado com o momento em que os indígenas adotaram o peiote, quando seu mundo estava sendo radicalmente circunscrito — às dimensões estreitas de, pode-se dizer, uma casca de noz. Foi na década de 1880, logo depois que os indígenas das planícies, reis do espaço infinito, perderam a liberdade de vagar pelo Ocidente e ficaram confinados às reservas, que eles recorreram ao peiote para conquistar ou recuperar... o que exatamente?

UMA QUESTÃO MAIS IMEDIATA e prosaica que eu precisava responder primeiro era: o que aconteceu com a mescalina no Ocidente depois que Huxley disse a todos como ela era incrível? Parecia ter desaparecido. Ao mesmo tempo que o uso de peiote entre os nativos norte-americanos vem crescendo depressa (a ponto de a escassez do cacto se tornar uma preocupação urgente), a mescalina tornou-se praticamente impossível de se encontrar. E agora, no meio de um renascimento da pesquisa científica em psicodélicos, eu não tinha ouvido falar de um único projeto de pesquisa nos Estados Unidos envolvendo esse psicodélico em particular.*

Eu me perguntei se era porque o LSD e a psilocibina seriam drogas melhores, mas quando comecei a questionar a "comunidade psicodélica", invariavelmente ouvia o contrário. Todo mundo adorava mescalina! Um psiconauta de trinta e poucos anos com ampla experiência me disse que quando enfim conseguiu um pouco de mescalina sintética, mal podia acreditar no que estava perdendo.

"Por que vocês estão escondendo isso da gente?!", ele se perguntou, referindo-se a seus anciões da experimentação psicodélica. "Esse tempo todo os hippies estavam escondendo a melhor droga!" Ele falou do "calor", da "gentileza" e da "lucidez" da mescalina, qualidades que comparou à "estridência" dura do LSD e aos terrores mais do que ocasionais da ayahuasca.

Um desses sábios psicodélicos é uma mulher na casa dos 60 anos com quem conversei por Zoom. Evelyn, como vou chamá-la, tem liderado um círculo de mescalina — uma cerimônia que dura a noite toda, baseada nos rituais indígenas do peiote — no norte da Califórnia desde os anos 1980. Ela sente que há algo sobre esse remédio específico ("Por favor, não vamos chamá-lo de droga") que se presta à experiência social de

---

* Desde então soube de projetos de pesquisa com mescalina que estão no estágio de planejamento, um na Universidade do Alabama e outro na Journey Colab, uma start-up farmacêutica psicodélica da Baía de São Francisco. (N. do A.)

uma cerimônia, bem como ao tocar e cantar música. (Em sua cerimônia, os participantes cantam músicas da TV.)

"Com a mescalina, as pessoas podem ficar sintonizadas umas nas outras", explicou Evelyn. "Ela não manda você para Alfa Centauri, então é menos provável que você se torne um constrangimento para a psique." A descrição que Evelyn fez de sua cerimônia me fez perceber que a linha nítida que eu estava traçando entre os usos ocidentais e indígenas pode se confundir em alguns pontos, e que havia questões complicadas de apropriação cultural nela.

Conheço outro ancião psicodélico, um rabino com interesse de longa data na terapia psicodélica, que me disse algo em tom definitivo: "A mescalina é o rei dos materiais." Ele me fez lembrar que Alexander "Sasha" Shulgin, o lendário químico psicodélico, compartilhava dessa avaliação. Shulgin, que trabalhou como químico na Dupont antes de descobrir sua vocação durante uma viagem de mescalina no final dos anos 1950, sintetizou centenas de novos compostos psicodélicos, trabalhando em seu laboratório de quintal em Lafayette, Califórnia. Muitos deles envolviam ajustes na estrutura química da mescalina, que ele declarou ser sua favorita. (A DEA respeitava tanto a experiência de Shulgin que recorria a ele sempre que apreendia uma droga que não conseguia identificar; em troca, concedeu a Shulgin uma licença que lhe permitia trabalhar com compostos de Classe I.*)

---

* As drogas, substâncias e produtos químicos catalogados pela DEA como Classe I não possuem uso médico aceito hoje e apresentam alto potencial de vício. Alguns exemplos são heroína, a dietilamida do ácido lisérgico (LSD), maconha (cannabis), 3,4-metilenodioximetanfetamina (ecstasy), metaqualona e peiote. (N. do E.)

A viagem transformadora de Shulgin ocorreu poucos anos depois da experiência de Huxley: "Um dia que permanecerá vivíssimo em minha memória e que inquestionavelmente confirmou toda a direção da minha vida." Ele descreve ser capaz de perceber centenas de nuances de cor que nunca tinha visto antes. "Mais do que qualquer outra coisa", escreveu ele anos depois, "o mundo me surpreendeu, porque o vi como o via quando era criança.

"O *insight* mais convincente daquele dia foi que essa lembrança incrível foi provocada por uma fração de grama de um sólido branco, mas de forma alguma se poderia argumentar que essas memórias estavam contidas no sólido branco." Em vez disso, elas vieram da psique, ele percebeu, que, quer se dê conta ou não, contém um "universo inteiro", e "existem produtos químicos que podem catalisar sua disponibilidade".*

Perguntei ao rabino por que ele achava que "o rei dos materiais" tinha se tornado tão raro. "A pessoa pode se perguntar", sugeriu ele, referindo-se a alguém em meio à experiência com mescalina, "*Quando isso vai acabar?*". Uma viagem com mescalina pode durar 14 horas. "É um compromisso", disse ele. Isso provavelmente explica a ausência do composto na pesquisa científica — a psilocibina, o psicodélico que costuma ser usado em experimentos e testes com drogas, dura menos da metade do tempo, permitindo que todos os envolvidos che-

---

* Shulgin deu a suas memórias o título de *PiHKAL: A Chemical Love Story*. A palavra "PiHKAL" é o acrônimo de Shulgin para "Fenetilaminas Que Conheço e Amo". Fenetilaminas são uma classe de compostos orgânicos encontrados em plantas e animais e que inclui tanto a mescalina quanto o MDMA, também conhecido como ecstasy. (N. do A.)

guem em casa a tempo para o jantar. Outro golpe contra a mescalina é que uma dose requer até meio grama do produto químico; compare isso ao LSD, em que as doses são medidas em microgramas, ou seja, milionésimos de um grama. No comércio de drogas ilícitas, mais material significa mais risco. O que talvez explique por que o LSD, praticamente sem peso e fácil de esconder, eclipsou a mescalina, tornando-a, em meados da década de 1960, um psicodélico órfão.

Quanto às fontes vegetais de mescalina, a maior parte do peiote colhido no Texas acaba nas mãos dos nativos norte-americanos, que gozam do direito jurídico de consumi-lo desde 1994, quando o presidente Clinton sancionou mudanças na Lei de Liberdade Religiosa dos Indígenas Americanos. Disseram-me que é praticamente impossível obter peiote hoje se você não for membro dessas comunidades. Também é crime federal um não nativo possuir, cultivar, transportar, comprar, vender ou ingerir peiote. O que, de acordo com muitos nativos norte-americanos, é o correto. Dada a atual importância do peiote para essas pessoas, e a escassez do cacto, o argumento deles faz sentido.

Depois, há o cacto São Pedro, que também produz mescalina, embora em concentrações mais baixas. Não, eu também nunca tinha ouvido falar dele. Mas acontece que o São Pedro, que é nativo dos Andes, se tornou comum na Califórnia, onde é uma planta ornamental e, ao contrário do cacto peiote, seu cultivo é permitido por lei. Estranhamente, no entanto, poucos norte-americanos ou europeus, além de uma pequena comunidade de aficionados, parecem conhecer o São Pedro. Um desses aficionados me disse que ele cresce em toda Berkeley, basta saber procurar. Será que o objeto de meu desejo estava escondido à vista de todos?

3. Onde encontramos os cactos

E ASSIM FOI: POR acaso, não apenas o São Pedro cresce em toda Berkeley, mas um espécime dele tem crescido alegremente em meu próprio jardim há vários anos, sem que o jardineiro soubesse. Isso porque a pessoa que me deu uma muda há vários anos não o chamava de São Pedro. Chamava pelo nome quéchua, Wachuma.

Filho de velhos amigos, Willee viajou para o Peru durante um ano sabático e mergulhou no mundo do xamanismo e da medicina vegetal. Ele tinha plantado cerca de meia dúzia de Wachuma no quintal de seus pais e em certa ocasião há vários anos, quando fomos jantar lá, ele me deu uma muda de presente. Willee explicou que o Wachuma é uma planta medicinal sagrada no Peru, mas na época não fiz a conexão com a mescalina. (Os cientistas também passaram um bom tempo sem ligar os pontos: só em 1960 a mescalina foi identificada como o psicoativo alcaloide no Wachuma.) Fico sempre feliz em trazer outra planta psicoativa para o meu jardim, então fiquei satisfeito por ter esse cacto. Ele também me informou que meu cacto era descendente de uma planta originalmente propagada de mudas tiradas do jardim de Sasha Shulgin. Meu novo cacto tinha um pedigree ilustre.

São Pedro, soube mais tarde, é o nome cristão do cacto Wachuma, em homenagem ao santo que possui as chaves dos portões do céu. O nome insinuava logo de cara o poder da planta e serviu para apaziguar os espanhóis, que, sendo católicos, tinham problemas com a ideia de um sacramento alternativo, e ainda por cima um sacramento vegetal. (A Igreja Nativa Americana fez um movimento semelhante alguns séculos depois, quando adotou vários elementos cristãos, como se autodenominar uma Igreja, para que a nova religião não parecesse tão pagã.)

Plantei a muda de cinco centímetros num vaso com vários cactos, mantive a terra úmida por algumas semanas até que a raiz brotasse, e então, num processo rápido para um cacto, a planta começou a ganhar um trio de elegantes colunas de diferentes alturas — um candelabro. A pele era de um verde fosco claro com um leve tom azulado. As colunas (ou "velas", como dizem os cactologistas) são divididas em seis costelas verticais, cada uma pontuada a cada poucos centímetros por uma aréola da qual sobressaem exatamente cinco espinhos curtos e pontiagudos. As costelas verticais se juntam no topo de cada coluna para formar uma estrela de seis pontas. É um cacto bonito, imponente e arquitetônico, um pouco como o modelo de um arranha-céu à la Gaudí.

Passei a ter um interesse muito mais ativo no meu cacto desde que tomei conhecimento de que ele está ocupado transformando a luz do sol em mescalina bem no meu jardim. Mas eu não tinha ideia de como avançar, ir da planta para um composto psicoativo ingerível, nem sabia se meu cacto sequer estava pronto para a colheita.

Procurei Keeper Trout, um dos maiores especialistas do mundo em São Pedro. O que, infelizmente, não significa muita coisa, o que de modo algum digo de forma ofensiva: Keeper Trout provavelmente seria o primeiro a concordar. Ninguém sabe muito sobre a taxonomia ou a botânica do São Pedro, um nome comum que pode ou não se referir a quatro espécies diferentes de cactos colunares nativos dos Andes; são eles: *Trichocereus pachanoi* (em geral aceito como São Pedro) também como, possivelmente, e de forma mais controversa, *T. bridgesii*, *T. macrogonus* e *T. peruvianus*, também conhecido como Tocha Peruana. E depois há os inúmeros cruzamentos dessas espécies, híbridos que turvam ainda mais as águas taxonômicas.

Keeper Trout é o autor de *Trout's Notes on San Pedro & Related Trichocereus Species* [Notas de Trout sobre o São Pedro & espécies relacionadas de *Trichocereus*], um título adequadamente modesto para um livro cuja introdução oferece o seguinte aviso: "Reconhecemos que o trabalho em suas mãos não tem mérito oficial." E que diz o seguinte:

> Também sugerimos que se nossos leitores encontrarem alguém que se considere um especialista neste gênero, ou qualquer um que insista saber o que diferencia, digamos, um *peruvianus* de espinha curta de um *pachanoi* de espinha comprida, talvez seja melhor acenar com a cabeça, indicando falta de vontade de discutir, e deixá-los com suas crenças.

Depois de passar uma ou duas horas frustrantes com o livro de Trout, folheando centenas de fotos em preto e branco de cactos colunares muito semelhantes encontrados em lugares tão diversos quanto montanhas bolivianas, jardins em

Berkeley e a seção de mudas de uma loja de departamentos, tive a oportunidade de "conhecer" Keeper Trout via Zoom. Um homem esguio, de aparência um tanto desalinhada, na casa dos 60 anos, Keeper falou comigo de uma cabana rústica na floresta perto de Mendocino. Ele não poderia ter sido mais generoso com seu conhecimento e entusiasmo por todo o gênero *Trichocereus*. Eu já havia mergulhado em profundos e escuros buracos de coelho da Taxonomia de Lineu com botânicos no passado, mas nunca terminei uma entrevista tão confuso quanto fiquei quando Keeper Trout saiu da minha tela. Minhas anotações são uma anarquia de taxonomia controversa que não vejo necessidade de infligir ao leitor. Mas havia trechos compreensíveis que lançam alguma luz, ainda que vaga, sobre os mistérios do São Pedro.

O fato mais intrigante que Keeper Trout compartilhou é que pouco tempo depois que os cientistas determinaram que várias espécies de *Trichocereus* continham quantidades apreciáveis de mescalina, um notório e rico coletor de cactos, conhecido apenas como DZ, tentou comprar todos os espécimes conhecidos da planta na América do Norte. Por quê?

"Para evitar que as pessoas os tivessem", disse Trout. A guerra contra as drogas estava a todo vapor, e plantas psicoativas como o peiote estavam entre os alvos. Trout acredita que DZ queria evitar que o São Pedro fosse "classificado" — ou seja, adicionado à lista de plantas cuja posse e cultivo são ilegais. Ele percebeu que, se os jovens norte-americanos aprendessem o quão fácil era cultivar o São Pedro e extrair mescalina dele, o governo perseguiria os cactos e os colecionadores perderiam o acesso ao *Trichocereus*.

"Quando comecei a trabalhar com isso no fim dos anos 1970 e início dos 1980", relembrou Trout, "era quase impossível encontrar o *peruvianus* ou o *macrogonus*" — porque DZ havia limitado o mercado. A estratégia funcionou? Bem, até hoje o São Pedro não foi classificado; qualquer um pode cultivar essa planta produtora de mescalina sem infringir a lei.

Em dado momento, DZ perdeu o interesse no cacto; Trout soube que ele passou a colecionar chapéus de caubói. Ele então se desfez de sua coleção, inundando o mercado e, eventualmente, a paisagem norte-americana, com todos os tipos de *Trichocereus*. Nos anos que se seguiram, uma tempestade perfeita de rotulagem imprecisa, taxonomia de má qualidade por parte dos chamados especialistas (não incite Trout a falar sobre isso) e a hibridização desenfreada contribuíram para a confusão que agora cerca o que é e não é o São Pedro. Mas essa confusão tem um quê de benéfica: se quisesse erradicar o São Pedro, primeiro o governo teria que especificar os nomes das espécies a serem criminalizadas (como fez com o *Papaver somniferum*). Como colecionador, entretanto, eu esperava descobrir quais espécies tinha em meu jardim.

"Não leve os nomes a sério", disse Trout, sentindo minha frustração aumentar. "As plantas não se importam com o nome que você lhes dá."

Depois de nossa conversa por Zoom, enviei uma foto do meu cacto por e-mail para Trout. Ele não pareceu muito impressionado. "Parece o híbrido encontrado em toda região da Baía de São Francisco, provavelmente um cruzamento de *pachanoi* e *peruvianus*. Essa cepa é muito mais fraca do que a que os xamãs no Peru usam, mas é a que a maioria das pes-

soas nos Estados Unidos conhecem e usam com sucesso."
Ele também tinha suas dúvidas sobre o tal pedigree; Shulgin, que Trout conhecia, tinha uma coleção profissional e provavelmente não se daria ao trabalho de plantar um híbrido tão comum.

Naquela noite, Trout me enviou uma receita para preparar o São Pedro. Exigia um pedaço do comprimento e da circunferência de um antebraço para cada porção a ser servida. Como apenas uma das minhas plantas tinha atingido essas dimensões, decidi adiar o cozimento do meu cacto até que ele desenvolvesse dois antebraços fortes.

Nesse momento — isto é, um pouco antes de colher meu São Pedro e começar a cozinhá-lo — meu jardim e eu estávamos dentro da lei. O ato de cortar um antebraço provavelmente não ultrapassaria os limites: o jardineiro pode estar tirando uma muda para cultivar um novo cacto. Mas o ato de cozinhá-lo mudaria tudo: assim que eu cortasse a carne sob a casca verde-esmeralda e colocasse na água para ferver, seria culpado do crime federal de fabricar uma substância de Classe I. Até aquele momento, no entanto, eu não tinha com o que me preocupar.

Há algo de agradável no fato de que posso fazer um psicodélico bem no meu jardim sem gastar dinheiro ou me preocupar com uma visita da polícia. E, embora extrair mescalina dessa planta seja em teoria ilegal, o procedimento é bem simples e direto, envolvendo nada mais do que cozimento, redução e filtragem de um tipo de cacto. Do início ao fim, o processo pode ser realizado sem comprar nada (supondo que alguém tenha lhe dado uma muda de cacto) ou ter qualquer contato com o mercado clandestino — ou, nos dias de hoje, até mesmo ter que colocar máscara. São Pedro: o psicodélico perfeito para as pessoas em confinamento, as que ficam em casa, as que querem garantir a própria sobrevivência e as sovinas.

No ENTANTO, DURANTE ESSE período, meu jardim não estava de todo isento de plantas classificadas. Isso porque, puramente no interesse da pesquisa, também adquiri um espécime de peiote. Até pouco tempo antes, esse cacto diminuto crescia, de forma mais lenta e aparentemente menos feliz, em um vaso bem próximo ao meu altíssimo São Pedro.

Ele também foi presente de uma mulher que conheci semanas antes do *lockdown*, quando visitei uma comuna alguns quilômetros ao sul de Mendocino chamada Salmon Creek Farm. A comuna, como tantas outras no norte da Califórnia, desmoronou há décadas, mas, recentemente, um artista amigo nosso comprou o lugar e o restaurou, e Judith e eu o estávamos visitando no fim de semana, um dos últimos em que qualquer pessoa pôde ir a qualquer lugar ou encontrar estranhos sem se preocupar com o vírus.

Um punhado dos membros originais da comuna ainda vivia naquela área e, no sábado à tarde, eles se juntaram a nós para almoçar no jardim, em uma espécie de reunião improvisada. Conheci uma mulher, a quem chamarei de Aurora, que criou, ou tentou criar, dois filhos na comuna — em dado momento ela decidiu que aquele não era um lugar seguro para crianças e se mudou para uma casa próxima. Aurora era agricultora e padeira, o que nos rendeu muita conversa, e, minutos depois de conhecê-la, recebi ofertas de um pote de seu fermento natural da década de 1970 e, por incrível que pareça, de uma pequena planta de peiote.

O peiote já tinha sido fundamental na vida da comuna. Em 1970 a cena de Haight-Ashbury havia se desmembrado e a contracultura tomou um caminho rural; sobretudo no norte da Califórnia, o movimento de comunas estava em ascensão. Um grande interesse pelos nativos norte-americanos e sua cultura floresceu na mesma época, em especial entre os que estavam voltando a se estabelecer em áreas rurais. Ali estavam pessoas que de fato sabiam como viver da terra, que tinham o tipo de conhecimento e respeito pela natureza que aqueles jovens brancos, aprendendo aos tropeços seu caminho, só podiam invejar e tentar imitar. Enquanto isso, de forma mais ampla, a cultura avaliava o legado de seus vergonhosos maus--tratos aos indígenas norte-americanos, da mesma forma com que hoje avalia o racismo. O livro histórico de Dee Brown, *Enterrem meu coração na curva do rio*, publicado em 1970, contou uma história chocante para a consciência de expropriação, aniquilação cultural, roubo de terras, tratados rasgados, massacres e uma sequência interminável de mentiras e promessas quebradas pela América branca. (Como Hampton Sides apontou em seu prefácio a uma edição recente, o livro foi lançado no auge da Guerra do Vietnã, não muito depois das revelações do massacre em My Lai. "Aqui estava um livro com cem My Lais.")*

---

* Em sua resenha para a *Newsweek*, Geoffrey Wolff disse que nenhum livro "me entristeceu e envergonhou como este. A experiência de lê-lo me fez perceber de uma vez por todas que realmente não sabemos quem somos, ou de onde viemos, ou o que fizemos, ou por quê". (N. do A.)

A contracultura abraçou os nativos norte-americanos — ou pelo menos a ideia deles.* Os indígenas tinham muito a ensinar aos membros de comunas não apenas sobre o mundo natural, mas sobre como viver em pequenas comunidades, e sobre como reorientar sua espiritualidade em torno do mundo natural. Então não é de se surpreender que muitas comunas tenham se apropriado das cerimônias religiosas dos nativos norte-americanos envolvendo o peiote. Os integrantes das comunas já estavam familiarizados com o poder dos psicodélicos, sobretudo o LSD. Mas o LSD era um químico sintético — como o DDT, o Agente Laranja e o gás lacrimogêneo. O peiote, ao contrário, representava uma alternativa mais orgânica, autêntica, antiga e do Novo Mundo, e com o pedigree indígena. E na época ainda era possível obter brotos de peiote que hippies intrépidos colhiam no deserto do Texas.

Em 1975, em uma tenda erguida na montanha Table, uma comuna próxima, Aurora participou de sua primeira cerimônia de peiote. A cerimônia deveria supostamente estar baseada nas regras rígidas da Igreja Nativa Americana. ("Nenhum de

---

* O uso do termo "nativo norte-americano" se tornou generalizado durante esse período, considerado mais respeitoso do que "índio", um termo pós-colonial baseado no senso de direção epicamente equivocado de Colombo. Mas "americano nativo" tem seu próprio problema de origem, já que o nome "americano" também é uma construção europeia, e ridícula — com base na falsa alegação de Américo Vespúcio de ter descoberto o continente. Ralph Waldo Emerson chamou Vespúcio de "ladrão" e "traficante de picles em Sevilha" que "conseguiu neste mundo mentiroso suplantar Colombo e batizar metade da terra com seu nome desonesto". De acordo com o Departamento do Censo, nos últimos anos, mais indígenas entrevistados se identificam como "indígenas" do que como "nativos norte-americanos". Eu uso os dois termos aqui, dependendo do contexto, mas reconheço que não há solução satisfatória. (Os canadenses resolveram esses problemas com os termos "Primeiras Nações" e "Primeiros Povos".) (N. do A.)

nós sabia nada sobre 'apropriação cultural' na época", Aurora me lembrou, um pouco constrangida.) Logo depois, a Salmon Creek Farm começou a realizar suas próprias cerimônias de peiote, em geral no solstício e no equinócio.

"A principal atração para nós era sentir que estávamos honrando a terra na qual vivíamos e em harmonia com a natureza. Achávamos que esse era o cerne da cerimônia dos nativos norte-americanos."

Mas então em 1982 ou 1983, os membros da comuna convidaram alguns nativos norte-americanos legítimos, do Novo México, a participar da cerimônia. "Estávamos muito animados! Os nativos norte-americanos ergueram uma tenda, reuniram lenha e nos fizeram seguir *todas* as regras. Na mesma hora vimos que a cerimônia deles era completamente diferente do que vínhamos fazendo."

"*Ah, que merda, entendi*", Aurora se lembra de ter pensado. "O que estávamos fazendo *não* estava certo. Nós pegamos o ritual deles e transformamos em outra coisa." (Pelo menos eles não cantavam músicas da TV.) "Isso pertence a eles. Não vamos mais fazer isso." Os membros da comuna continuaram a realizar cerimônias de peiote no solstício e no equinócio, mas desistiram de torná-las "autênticas".

Naquela época, os integrantes das comunas usavam principalmente brotos de peiote secos importados do Texas, mas em algum momento Aurora começou a cultivar o cacto. Ela logo aprendeu o quão espinhoso o peiote é, que ele pode levar quinze anos para crescer de uma semente a um botão a ser colhido. Ela me levou para ver sua coleção, que mantinha numa pequena estufa. O cacto peiote abraça o chão como uma pedra, um travesseiro verde-azulado arredondado (me lembrou uma almofada de alfinetes) segmentado em lóbulos dispostos em padrão geométrico, cada um com um mamilo peludo branco onde deveria estar o espinho; o botão da flor emerge do centro. São plantas modestas, sem espinhos, banais, mas seu padrão intrincado sugere um objeto místico de algum poder.

As plantas maduras de peiote ocasionalmente produzem bebês, que são versões menores de si mesmas projetando-se de suas bordas. Com uma espátula, Aurora separou com cuidado um desses clones de sua mãe, tentando mantê-lo preso à sua raiz principal, que parecia uma cenoura marrom gorda e curta. Ela colocou o botão em um potinho de plástico com um pouco de terra e me deu. Eu o trouxe para casa em Berkeley, onde, pelo menos aos olhos da lei, ele transformou meu jardim em um "laboratório de drogas ilícitas".

Eu tinha muitas perguntas sobre meu novo cacto peiote — horticulturais, botânicas e jurídicas —, então entrei em contato com Martin Terry, o botânico que havia se oferecido para me levar por um roteiro pelos jardins de peiote do Texas antes que o *lockdown* fosse instituído. Terry estudou em Harvard com Richard Evans Schultes, o etnobotânico especializado no uso de plantas psicoativas pelas culturas indígenas.

Pouco depois de nossa entrevista, meu novo cacto sofreu um ferimento. Algum animal tirou um pedaço de um de seus cinco pequenos brotos, deixando uma queimadura horrorosa na planta e, logo ao lado, o pedaço faltante de carne de cacto, descartado. Eu tinha um suspeito óbvio: um gaio-da-califórnia, espécie nativa da América do Norte (*Aphelocoma californica*) tinha feito um ninho na minha sebe. Já havia flagrado o passarinho arrancando sistematicamente ervilhas do chão para pegar suas sementes.

Falei com Terry via Zoom em sua casa em Alpine, Texas, onde ele leciona há muitos anos no Departamento de Biologia da Sul Ross State University. Contei a ele o que tinha acontecido com meu cacto. Ele adivinhou que o pássaro tinha bicado um pedaço do cacto e cuspido, porque o gosto do alcaloide de mescalina é super amargo.

"Parece que o gosto é repulsivo para algumas espécies de herbívoros", explicou Terry. Por exemplo, os caititus, que são pequenos mamíferos parecidos com o porco e nativos da região de fronteira onde o peiote cresce, exibem aversão a seu gosto. Terry provou isso para sua própria satisfação, colocando a coroa de um cacto peiote numa rocha plana em um lugar onde pegadas indicavam tráfego intenso de caititus. Na manhã seguinte, ele descobriu que "a coroa de peiote tinha sido pega, mastigada muito de leve na beira e cuspida a centímetros de distância. Acredito que isso sugira que os caititus não gostam do sabor da mescalina, o que a coloca na categoria de defesa química". Os humanos também acham o gosto do peiote repulsivo, embora possam aprender a tolerá-lo.

Hoje em dia Terry está aposentado da docência, mas se mantém ocupado com seu trabalho para uma nova organização chamada Indigenous Peyote Conservation Initiative (IPCI) [Iniciativa de Conservação do Peiote Indígena], onde atua como botânico residente. A IPCI se dedica a garantir que a Igreja Nativa Americana continue a ter acesso ao peiote ao proteger as terras onde o cacto cresce e, no futuro, eliminando a escassez do peiote selvagem por meio do cultivo. Apesar de no início a IPCI ter sido financiada por um filantropo e psicólogo clínico da Califórnia chamado T. Cody Swift, um homem branco, a organização se baseia no trabalho do Fundo pelos Direitos dos Nativos Americanos e do Conselho Nacional das Igrejas dos Nativos Americanos, cujos membros atuam no conselho do instituto e determinam sua agenda. Recentemente a IPCI comprou uma área de 605 acres de terra peiote nos limites de Laredo, possibilitando que indígenas norte-americanos possam peregrinar até os jardins de peiote e colhê-lo, em vez de depender dos *peyoteros* licenciados pelo estado do Texas para colher e vender o cacto para eles.

Os *peyoteros* licenciados, que não são indígenas, trabalham depressa quando colhem o cacto, quase sempre o arrancando do solo, com raiz e tudo, como se estivessem colhendo cenouras. Coletores ilegais fazem o mesmo. Se os coletores cortassem apenas o botão verde, deixando o caule subterrâneo e a raiz intactos, a planta iria se regenerar, produzindo novos botões, mas esse processo exige habilidade e tempo. Terry diz que muitos *peyoteros* contratam adolescentes no ensino médio para fazer o trabalho e pagam por unidade, e que eles, por sua vez, não se incomodam em fazer direito. Assim como os coletores ilegais que trabalham depressa na madrugada.

Mas a escassez também é resultado do aumento da demanda, e não só das práticas de colheita não sustentável. A Igreja cresceu muito nos últimos anos e, embora seja difícil determinar o número preciso, pode haver até quinhentos mil membros. O número de cerimônias de peiote também vem aumentando. Diferente da maioria das religiões, os cultos da Igreja Nativa Americana, chamados de reuniões, não acontecem num cronograma fixo, mas sempre que o "cantoneiro", ou líder, determina que há razão para se reunir, e as razões são muitas: curar um doente; tratar alguém que sofre com alcoolismo ou outro vício; ajudar um casal cuja relação está abalada; mandar um soldado para a guerra; resolver uma disputa na comunidade; marcar uma formatura ou outro rito de passagem.

Há quem acredite que a Igreja precisa limitar o consumo; outros, que pessoas não indígenas deveriam ser proibidas de usar o peiote, como de fato são pela lei, se não pela tradição. "Gostaria de trabalhar pelo aumento da oferta em vez de reduzir o consumo", disse Terry. Ele acredita que a única solução realista para a escassez de peiote é a IPCI passar a cultivar o cacto: começando pela semente na estufa e depois transplantando para a terra selvagem. Na opinião dele, essa é a melhor maneira de garantir que haverá peiote suficiente para todo mundo que quiser.

Existem, porém, dois obstáculos para essa estratégia. O primeiro é a lei do estado do Texas, que, apesar de permitir a colheita e a venda do cacto para membros da Igreja pelos *peyoteros* licenciados, proíbe o cultivo do peiote para qualquer outro propósito. Terry e seus colegas na IPCI esperam contornar esse obstáculo obtendo uma licença da DEA para cultivar o cacto, o que deve acontecer em breve. O segundo obstáculo, que pode ser mais difícil de superar, é a crença dos nativos norte-americanos: o peiote que é encontrado na natureza é um presente do Espírito Peiote, que a planta incorpora;

o peiote cultivado é uma versão inferior. Cultivá-lo também implica falta de fé na capacidade do Criador de fornecê-lo.

Como etnobotânico, Terry não se importa só com as plantas, mas com as maneiras com que os humanos interagem com elas, e portanto é sensível ao poder de tais crenças. Ele acha que as objeções dos nativos norte-americanos ao cultivo de peiote têm origem no mito original de sua descoberta.

"Uma mulher se aventura no deserto e se perde", começa ele. Em algumas versões, essa mulher fica doente e é abandonada por seus companheiros de caça. "Ela está em perigo porque ficou sem comida e água. No fim ela desiste e se deita sob um arbusto", para dormir e, possivelmente, morrer.

"Quando acorda, a primeira coisa que vê é uma pequena planta de peiote. 'Coma-me', diz a planta. Ela o faz, se recupera e entende o que é o peiote e como ele funciona para nutrir e curar. Ela o leva de volta para sua comunidade." A situação difícil da mulher, abandonada e à beira da morte, é a de todos os nativos norte-americanos, muitos dos quais acreditam, por alguma razão, que este cacto os salvou, seja como indivíduos ou como cultura. Mas, para eles, a planta é o presente da natureza, não a substância química que ela contém. Acho que nem preciso dizer que o São Pedro e a mescalina sintética são inviáveis para os membros da Igreja Nativa Americana.

Terry e outros membros da IPCI acreditam que a barreira ideológica ao cultivo pode ser trabalhada. Por exemplo, membros da Igreja Nativa Americana rejeitam a noção de "estufa" — uma estrutura interna feita pelo homem —, mas não necessariamente um "viveiro", um lugar onde os bebês recebem cuidados antes que possam ser colocados no mundo sozinhos.

"Tenho esperanças de que possamos encontrar um modo de fazer isso que permita que o peiote mantenha seu significado cultural como planta sagrada."

4. O nascimento de uma nova religião

O PEIOTE É USADO pelos povos indígenas na América do Norte há pelo menos seis mil anos (possivelmente há muito mais tempo), mas seu uso pelos indígenas norte-americanos tem apenas um ou dois séculos. A Igreja Nativa Americana só foi oficialmente estabelecida em 1918, e o uso religioso do peiote pelos indígenas norte-americanos só foi documentado na década de 1880 — sugerindo que a cerimônia moderna de peiote é uma retomada de uma prática antiga que havia sido perdida, ou suprimida.

Os indícios da enorme antiguidade do peiote vieram de um sítio arqueológico no sudoeste do Texas. Aqui na caverna Shumla nº 5, parte de um assentamento pré-histórico com vista para o Rio Grande, não muito longe do ponto em que ele se encontra com o Pecos, os arqueólogos encontraram três efígies de peiote que a espectrometria de massa determinou conter mescalina. A datação por radiocarbono estima que tenham sido feitas há quase seis mil anos, durante o período arcaico médio. Um aglomerado de espinhos de um cacto São Pedro (*T. peruvianus*) foi encontrado entre os artefatos em uma caverna no Peru e é considerado ainda mais antigo, com algumas centenas de anos de diferença. Essas descobertas sugerem que a mescalina é o psicodélico mais antigo em uso. Sobre como foi usado, ou com que finalidade, pouco se sabe. Mas artefatos do Novo Mundo de eras e civilizações subsequentes (incluindo os chavin e astecas, bem como os huichol, tarahumara e zacateco) sugerem que tanto o São Pedro quanto o peiote eram reverenciados como plantas com poderes extraordinários.

Ao avançarmos para a conquista espanhola, encontramos os primeiros relatos escritos do uso cerimonial de ambas as plantas, para grande consternação das autoridades coloniais. "Esta é a planta com a qual o diabo enganou os indígenas do Peru em seu paganismo", escreveu o padre espanhol Bernabé Cobo, referindo-se ao São Pedro. "Transportados por esta bebida, os indígenas sonharam mil absurdos e acreditaram neles como se fossem verdadeiros."

O uso sacramental desses cactos representou um grande desafio para o trabalho missionário cristão. Séculos depois, o grande chefe comanche Quanah Parker — que se tornaria uma espécie de missionário para a Igreja Nativa Americana em seus primeiros anos — captou perfeitamente o dilema da Igreja: "O homem branco entra em sua igreja e fala *sobre* Jesus, mas o indígena vai para sua tenda e fala *com* Jesus." Como o pão e o vinho da eucaristia poderiam competir com um sacramento vegetal que permitia ao adorador fazer contato direto com o divino?

A resposta brutal foi a pura força do poder eclesiástico. Em 1620, a Inquisição mexicana declarou o peiote uma "perversidade herética (...) contra a pureza e integridade de nossa Santa Fé católica", tornando-o a primeira droga proibida nas Américas e lançando assim a primeira batalha na guerra contra certas plantas que até hoje perdura. A gravidade com que as autoridades trataram o peiote fica evidente em sua inclusão na lista de perguntas que os padres fazem aos indígenas penitentes para julgar o estado de suas almas:

> És vidente?
> Sugas o sangue de outros humanos?
> Caminhas pela noite convocando para ti a ajuda de demônios?
> Tomas o peiote ou o ofereces para que o tomem a fim de descobrir segredos...?

Entre 1620 e 1779, a Inquisição abriu noventa processos contra usuários de peiote em 45 locais no Novo Mundo. Os registros desses casos sugerem que a chamada "raiz diabólica" tinha sido usada de duas maneiras. Na primeira, um curandeiro, ou xamã, usava o peiote para fins de cura ou adivinhação. De acordo com Mike Jay, autor de *Mescaline: A Global History of the First Psychedelic* [Mescalina: A história global do primeiro psicodélico], "o poder clarividente do transe do peiote era usado para revelar a localização de um objeto perdido, a causa de uma doença, a fonte de um feitiço, a previsão do tempo ou o resultado das batalhas". No caso, o peiote trazia conhecimentos que podiam ajudar a resolver problemas. Seu segundo uso era coletivo e cerimonial: os missionários relatavam cenas em que aldeias inteiras cantavam e dançavam a noite toda sob a influência da substância. "Para os olhos hostis dos padres e missionários, essas 'festas' não passavam de orgias de bêbados", escreve Jay. "Testemunhas mais simpáticas as viam como práticas rituais de espantosa complexidade, profundamente entrelaçadas na trama da vida de seus participantes."

Talvez o uso contínuo mais longo do peiote conhecido por um povo indígena seja o caso dos huichol, ou povo wixáritari, que viveu no coração de Sierra Madre no México por milhares de anos. A aridez do ambiente e seu isolamento protegeram os huichol (e suas cerimônias de peiote) não apenas contra a Inquisição, mas também contra a maior parte das tentativas de assimilação. Mas, ao se retirarem para as montanhas, eles apartaram-se de suas terras tradicionais de peiote. Então, como sucedeu por séculos, os huichols fazem uma peregrinação ritual para um lugar sagrado em Wirikuta, a fim de colher peiote para suas cerimônias em quantidade suficiente para durar até a próxima peregrinação.

A cerimônia deles, que alguns antropólogos acreditam ter mudado pouco desde a época de Hernán Cortés, é muito mais dionisíaca do que a cerimônia formal de peiote desenvolvida pelos indígenas norte-americanos no século XIX. Os huichols consomem quantidades suficientes do cacto para ter visões. Ao longo da noite eles dançam e cantam em torno do fogo, oram e riem e choram; comparado aos encontros da Igreja Nativa Americana, é um momento de êxtase. Ao nascer do sol o ritual termina com o sacrifício de um animal e um banquete. Acredita-se que o sangue nutre o peiote. Essa última prática tem comprovação científica: Keeper Trout me contou que uma boa maneira de aumentar a quantidade de mescalina do peiote ou São Pedro é fertilizar as plantas com sangue.

O PRIMEIRO BRANCO A testemunhar uma cerimônia de peiote dos nativos norte-americanos foi James Mooney, um etnólogo que trabalhava para o Smithsonian Institution no sudoeste de Oklahoma em 1890-1991. Mooney, que quando criança memorizou os nomes de centenas de povos nativos, dedicou a carreira a documentar e preservar as culturas nativas americanas antes que desaparecessem da terra — sendo que essa extinção era o objetivo explícito do governo para o qual ele trabalhava. Na época, qualquer prática religiosa considerada contrária ao cristianismo era ilegal nos Estados Unidos. (Algumas dessas proibições de cerimônias indígenas norte-americanas foram mantidas até o governo Jimmy Carter.) Meninos indígenas eram retirados à força de suas famílias, tinham os cabelos cortados e eram enviados para internatos do governo. O propósito declarado dessas instituições, nas palavras do fundador de uma delas, a Carlisle Indian School, era "matar o indígena e salvar o homem".

Mooney aprendeu a falar kiowa e ganhou a confiança de muitos povos que haviam recentemente sido realocados para o Território Indígena que se tornaria o estado de Oklahoma. Essa mudança forçada para as reservas era devastadora, e desorientadora, para as pessoas, muitas das quais levavam vidas itinerantes, se mudando com as estações do ano e com o bisão. De repente, elas se viram dependentes de rações de carne e milho dadas pelo governo. Alguns indígenas das planícies, caçadores e não agricultores, não reconheciam o milho como comida para seres humanos, então o davam para seus cavalos.

Mooney estava particularmente interessado em documentar as práticas religiosas indígenas, velhas e novas, e no decorrer de seus anos em Oklahoma descobriu dois novos movimentos religiosos: a Dança dos Fantasmas e a religião peiote. Ambos os movimentos eram integrados por vários povos e ambos estavam se espalhando depressa pelo Território Indígena, mas cada um representava uma resposta diferente para a crise existencial da cultura indígena enquanto o sangrento e calamitoso século XIX chegava ao fim.

Dos dois, foi a religião peiote que sobreviveu e cresceu, mas seu sucesso não pode ser compreendido sem se conhecer um pouco sobre a Dança dos Fantasmas, apesar de sua curta existência. Mooney foi um dos poucos brancos a testemunhar a Dança dos Fantasmas e seu relato é o melhor que temos, pelo menos da perspectiva ocidental. O ritual era inspirado pela experiência mística de um homem paiute chamado Jack Wilson, conhecido como "Wovoka". Durante um eclipse solar no Ano-Novo em 1889, Wovoka teve uma visão na qual Deus disse a ele que havia preparado um novo mundo para os indígenas, no qual o homem branco havia sido extinto. A Wovoka foi revelada a visão de uma nova dança que ajudaria a inaugurar este mundo prometido, um retorno a uma Era de Ouro antes da calamidade da chegada dos europeus.

O ritual extático de Wovoka logo se espalhou pelos povos, com grandes reuniões de indígenas vestindo fantasias extravagantes e dançando num vasto círculo enquanto cantavam as novas "canções do Messias". Esses eventos duravam 24 horas, com os participantes entrando em transe, "alguns em um frenesi maníaco", descreveu Mooney, "alguns apresentando espasmos e outros ainda esticados no chão, rígidos e inconscientes (...) enquanto a dança continua". Mooney comparou a Dança dos Fantasmas a uma reunião de avivamento, com participantes falando em línguas e caindo em estado de transe, mas poucos brancos foram fizeram tal correlação.

A nova religião que se espalhava pelos Territórios Indígenas aterrorizou as autoridades; para elas, a Dança dos Fantasmas parecia menos uma reunião de avivamento do que um prelúdio para a insurreição. Num esforço apavorado para suprimir a "loucura do Messias", a polícia indígena atirou e matou Touro Sentado, o líder espiritual lakota, em dezembro de 1890, e então, depois de tentar desarmar várias centenas de lakotas que tinha atraído para Wounded Knee Creek, o 7º Regimento de Cavalaria os cercou e abriu fogo, matando mais de 250 homens, mulheres e crianças em um dos massacres mais sangrentos da história norte-americana. A Dança dos Fantasmas não existiria mais.

Alguns anos antes, e em resposta à mesma campanha promovida para arrancar e destruir a cultura indígena, uma segunda religião surgiu e começou a se espalhar entre os povos. Essa disseminação foi acelerada pela política de forçar povos de territórios distantes em direção às reservas em Oklahoma, colocando-as em contato mais próximo umas com as outras e promovendo um maior senso de "identidade indígena" em face de sua opressão. Comparada à Dança dos Fantasmas, a cerimônia do peiote era um evento calmo, conduzido dentro de uma tenda e apresentando "certo ambiente cristão", nas palavras do historiador Omer C. Stewart, que a tornava muito menos ameaçadora para as autoridades. As reuniões "transmitiam um elevado tom moral, tal como aquele que pode caracterizar um serviço missionário". E, como eram realizadas dentro de um recinto, as cerimônias de peiote podiam ser conduzidas silenciosamente e fora da vista dos brancos.

* * *

Quanah Parker foi fundamental no abandono da Dança dos Fantasmas pelos indígenas e na adoção da nova religião peiote. Filho de um chefe comanche e de uma branca capturada quando criança e criada por indígenas, Quanah Parker superou o estigma de seu sangue branco ("Quanah" significa "fedorento") provando ser um grande guerreiro. Em vez de se submeter à vida numa reserva, Parker escolheu lutar contra o governo, mas, depois de ser derrotado, fez habilmente a transição de fora da lei para fazendeiro próspero e intermediário de confiança nas negociações com as autoridades.

Parker teve sua primeira experiência com peiote em 1884; ele alegou que o cacto o curou de um ferimento no estômago causado por um touro. Pragmático e cético em relação às fantasias messiânicas fadadas a terminar em decepção (ou coisa pior), Parker viu na nova religião do peiote uma alternativa construtiva à Dança dos Fantasmas, um ritual de acomodação à nova realidade dos indígenas em vez de uma fuga promissora. (Que ironia! O mais pragmático e aceitável dos dois rituais era o que envolvia um psicodélico.)

Parker se tornou sacerdote, um líder carismático das cerimônias de peiote e, com o tempo, o Johnny Appleseed* do peiote. Ele viajou por todo o Território Indígena, levando sua sacola de botões de peiote e liderando reuniões para cheyenne, arapaho, pawnee, osage e ponca, entre outros povos. Quando

---

* Johnny Appleseed, nascido John Chapman (1774-1845), foi um pioneiro e herói folclórico dos Estados Unidos. Ainda em vida tornou-se uma figura lendária por percorrer o Meio-Oeste plantando sementes de maçã e espalhando ensinamentos cristãos. Era conhecido pelo temperamento pacífico e pela preocupação com os animais. (N. do A.)

o governo federal tentou reprimir o peiote em 1888, ameaçando reter as rações de qualquer um que o consumisse, Parker defendeu a prática perante as autoridades, argumentando, com algum sucesso, que a religião do peiote deveria ser considerada um complemento ao protestantismo em vez de um desafio a ele. Não por acaso, Parker falaria sobre ver Jesus sob a influência do peiote, em vez do Grande Espírito.

James Mooney compartilhava com Quanah Parker o entusiasmo pela nova religião peiote, o que poderia explicar porque ele se tornou o primeiro branco convidado a testemunhar uma reunião, em 1891. Rigidamente planejada, com duração de uma noite inteira e conduzida em torno de uma fogueira dentro de uma tenda, a cerimônia foi descrita por ele em uma série de relatórios. Liderada por um sacerdote, um responsável pelos tambores, um responsável pelo fogo e um homem que cuidava dos cedros, o ritual não deixava nada ao acaso, sequer a postura: os participantes devem sentar-se eretos e de pernas cruzadas durante a noite com os olhos abertos, voltados para o fogo. Um altar em forma de meia-lua é erguido com a própria terra e um grande botão de peiote "avô" é colocado no topo. Objetos cerimoniais, como chocalho de cabaça, tambor de água e cajado, são sempre passados para a esquerda, assim como a cesta de botões de peiote, que circula várias vezes ao longo da noite; em um dos poucos elementos do ritual que podem ser chamados de espontâneos, os participantes podem decidir por si mesmos quantos botões ingerir. O sacerdote oferece orações. Os participantes se revezam cantando canções, cada um quatro vezes; o ritmo dos tambores é rápido e ininterrupto.

À meia-noite há um intervalo, permitindo aos participantes esticar as pernas. (Poucos aproveitam a oportunidade, Mooney observou, já que fazer isso é considerado um sinal de fraqueza.) Nesse ponto, orações são feitas pelas pessoas doentes. Mooney descreveu um momento poderoso, quando a portinhola se abriu e um homem entrou na tenda segurando uma "criança doente à beira da morte". O sacerdote orou pelo filho do homem, que após a fala "saiu tão silenciosamente quanto havia entrado". Além disso, à meia-noite houve um ritual com água que Mooney descreveu como uma "cerimônia batismal". A água é então passada para todos beberem.

"Cada homem pede tantos peiotes quantos deseja comer, e a música recomeça, aumentando em estranheza à medida que o efeito da droga se intensifica". Isso continua "até que o sol comece a aparecer pela lona". À medida que a cerimônia se aproximava do fim, o sacerdote se voltou para Mooney e disse que ele "deveria voltar e dizer aos brancos que os indígenas têm uma religião própria que eles amam".

Mooney assim o fez, dedicando a maior parte do restante de sua carreira a defender a nova religião e ajudando a consolidar a Igreja Nativa Americana. Ele defendeu para seus superiores no Smithsonian, e para quem mais estivesse disposto a ouvir, que o peiotismo promovia inspiração religiosa e moral, além de sobriedade, lembrando que o alcoolismo emergira como um flagelo entre os indígenas realocados para reservas. Mooney acreditava fervorosamente que a nova religião peiote oferecia uma maneira de salvar a cultura nativa e a identidade do colapso iminente ao mesmo tempo que ajudava os indígenas a se adaptar às limitações da vida na reserva. "Em vez de esperar por uma transformação do mundo", escreve Mike Jay, "o peotismo dava a seus seguidores uma maneira de se transformar internamente".

O governo não tinha qualquer interesse na sobrevivência da identidade indígena; ao contrário, sua política era extingui-la. A nova religião podia não ser tão ameaçadora quanto a Dança dos Fantasmas, mas os missionários cristãos decidiram erradicá-la mesmo assim, por ser considerada pagã e o peiote não muito diferente do álcool. A pedido dos missionários, o estado de Oklahoma aprovou a primeira lei proibindo o peiote em 1899, embora em uma década ela tenha sido revogada, em grande parte como resultado dos esforços do lobby de Quanah Parker.

Logo depois, no entanto, o peiote se viu envolvido na política da Lei Seca; William "Pussyfoot" Johnson, notório proibicionista que chamava o peiote de "uísque seco", assumiu a função de invadir reuniões de peiote no Território Indígena. Por volta da mesma época, outro oponente da planta, o superintendente da Agência de Cheyenne e Arapaho, Charles Shell, decidiu que deveria descobrir sozinho o que o peiote fazia com a mente. Ele comeu alguns botões em casa, acompanhado por um médico, e ficou impressionado ao se ver tomado por pensamentos "de honra, integridade e amor fraternal".

"Eu parecia incapaz de ter pensamentos básicos (...) Não creio que qualquer pessoa sob a influência desta droga possa ser induzida a cometer um crime."

Mas o relato inesperadamente favorável da viagem de Shell pouco fez para desencorajar os proibicionistas, que foram à Agência de Assuntos Indígenas (atuando sob a influência dos missionários) para pressionar pela criação de uma lei banindo o cacto. Apenas os esforços organizados dos indígenas norte-americanos, assim como o depoimento de defensores brancos no Congresso — tais como James Mooney (e, depois, Richard Evan Schultes) —, barraram repetidas tentativas de eliminar o peiotismo.

Valendo-se da proteção da Primeira Emenda, representantes de diversos povos se uniram em El Reno, em Oklahoma, em agosto de 1918 para assinar o documento de constituição da Igreja Nativa Americana, marcando a primeira vez que os indígenas se referiam a si mesmos como nativos norte-americanos. James Mooney foi decisivo nas negociações que levaram a esse evento. A carta, que fazia referência explícita ao "sacramento do peiote", afirmava que a Igreja havia sido criada "para fomentar e promover a crença religiosa dos vários povos indígenas do estado de Oklahoma, na religião cristã".

Mas a batalha estava longe de terminar. As escaramuças jurídicas e políticas sobre a legitimidade da religião do peiote continuariam pelo restante do século XX, à medida que o peiotismo, tendo sobrevivido à Lei Seca por pouco, agora se via pego pela guerra às drogas. A partir da década de 1960, as reuniões de peiote eram frequentemente invadidas e indígenas encontrados de posse do peiote eram presos. Organizações de liberdades civis como a American Civil Liberties Union [União Americana das Liberdades Civis — ACLU] assumiram a causa dos indígenas norte-americanos, e aos poucos um conjunto de leis foi desenvolvido para garantir o direito da Primeira Emenda da Igreja Nativa Americana ao livre exercício da religião.

Foi precisamente em busca dessa liberdade, é óbvio, que os colonialistas norte-americanos fugiram da Europa, indo para as terras indígenas que eles rebatizaram de Nova Inglaterra. O fato de seus descendentes agora procurarem suprimir a liberdade religiosa dos indígenas era uma ironia que, ao que parece, passou despercebida para a maioria dos norte-americanos, incluindo os juízes da Suprema Corte. Em uma decisão chocante de 1990 escrita pelo juiz Antonin Scalia, a Igreja Nativa Americana perdeu o direito de praticar sua religião. Até aquele ponto, os tribunais haviam decidido que o governo não poderia negar o direito à Primeira Emenda de alguém, a menos que pudesse demonstrar um "importante interesse do Estado". Mas em Divisão de Emprego, Departamento de Recursos Humanos de Oregon *versus* Smith (Alfred Leo Smith era um membro da nação klamath que foi demitido de seu emprego quando se recusou a parar de assistir às reuniões da Igreja Nativa Americana), Scalia descartou o interesse do Estado. Chamando o pluralismo religioso dos Estados Unidos de "um luxo", ele alegou que a lei criminal e o poder policial devem ter precedência sobre o livre exercício da religião. (Como os advogados da Igreja comentaram, a decisão, com efeito, "reescreveu a Primeira Emenda para que ela dissesse: 'O Congresso não criará nenhuma lei, exceto as leis criminais que proíbem o livre exercício da religião.'")* O interesse do governo em levar adiante sua guerra às drogas havia vencido a proteção da liberdade religiosa garantida pela Primeira Emenda.

---

* O texto da Primeira Emenda diz: "O Congresso não criará nenhuma lei relativa ao estabelecimento de religião ou proibindo o livre exercício desta, ou restringindo a liberdade de palavra ou imprensa, ou o direito do povo de reunir-se pacificamente e dirigir petições ao governo para a reparação de seus agravos. (N. do E.)

A decisão de Scalia causou indignação da comunidade religiosa em geral, que já no dia seguinte se reuniu para pedir à Corte que reconsiderasse sua decisão. Scalia aconselhou a Igreja a procurar o Legislativo para recuperar o direito que a Corte havia retirado, e, poucos anos depois da decisão dele, a Igreja fez exatamente isso. Em 1993, o Congresso aprovou a Lei de Restauração da Liberdade Religiosa, que restituiu a jurisprudência. Isso representou progresso, mas não a garantia de que o governo não recorreria à brecha do interesse de Estado para banir o uso do peiote, sobretudo durante a guerra às drogas. Liderada pelo líder nativo Winnebago Reuben A. Snake Jr., a Igreja Nativa Americana reuniu uma coalizão e lançou uma campanha para pressionar o Congresso a proteger especificamente a liberdade da Igreja de usar o sacramento do peiote. No dia 6 de outubro de 1994, o presidente Clinton assinou as Emendas à Lei de Liberdade Religiosa dos Indígenas Americanos. Dali em diante, "o uso, posse ou transporte do peiote por um indígena para propósitos cerimoniais tradicionais genuínos em conexão com a prática de uma religião tradicional indígena são legais e não devem ser proibidos pelos Estados Unidos ou qualquer estado". Um século após o surgimento da nova religião peiote nas Grandes Planícies, a Igreja Nativa Americana garantia o direito jurídico de praticar seu sacramento.

5. Espiando o interior da tenda

NÃO É FÁCIL PARA um forasteiro compreender o que uma cerimônia de peiote significa para os nativos norte-americanos hoje, ou o que ela lhes oferece. Claramente muitos deles a consideram preciosa, indispensável até. Membros da Igreja Nativa Americana com quem conversei creditam ao peiotismo a revitalização e a manutenção da cultura indígena; a promoção da sobriedade; a cura de doenças tanto do corpo quanto da mente; e a criação de vínculos entre povos indígenas que com frequência se viam em conflito.

Mas como exatamente? Como essa cerimônia e seu sacramento psicoativo geram toda essa... transformação pessoal e coletiva? Eu esperava descobrir por conta própria participando de uma reunião da Igreja Nativa Americana no Texas, em novembro, mas isso, infelizmente, não aconteceria. O que sobrou foi o Zoom. Depois de entrevistar vários sacerdotes, autoridades da Igreja e membros de várias tribos, tenho uma ideia melhor do que acontece na tenda, mas ainda não estou certo de ter entendido. Parte dessa incerteza deve-se ao abismo epistemológico entre as formas indígenas e ocidentais de pensar sobre plantas, remédios e "drogas". Mas também encontrei uma profunda relutância da parte de muitos nativos em compartilhar — pelo menos com este branco que vos escreve — exatamente o que se passa por trás da lona da tenda.*

A reticência em discutir assuntos espirituais com um escritor branco de Berkeley não deveria ter me surpreendido. Steven Benally, um sacerdote navajo na casa dos 70 anos que hoje atua como presidente da Azeé Bee Nahaghá da Nação

---

* Um dos melhores relatos de nativos norte-americanos de uma cerimônia de peiote, descrita em detalhes por Leonard Crow Dog, está em *Seeker of Visions* [Buscador de visões], de Lame Deer (Nova York: Washington Square Press, 1979, 207-9). (N. do A.)

Diné (antes conhecida como Igreja Nativa Americana da Terra Navajo), me olhou com desconfiança explícita quando fiz a ele o que eu achava ser uma pergunta direta: o que o peiotismo fez por seu povo? Ele estava em sua casa em Sweetwater, no Arizona, na reserva, que fora atingida de maneira particularmente dura pela pandemia; quando conversamos em maio, oito pessoas que ele conhecia tinham morrido. A postura de Benally era calma, digna e deliberada, mas às vezes ele exibia uma ferocidade que me pegou desprevenido.

"Acho que você é branco, certo?", começou ele. "Todas essas informações que você deseja... o que eu ganho com isso? É falar com você um dilema para mim. Se eu divulgar muitas informações sobre como o peiote é bom para uma coisa específica, sobre como funciona, e der algum testemunho de como esse peiote cura, você pode escrever algo que crie curiosidade sobre ele entre essas pessoas psicodélicas." Ele sabia que eu tinha escrito um livro sobre ciência psicodélica, duas palavras que não faziam parte do vocabulário dele.

"Estou muito ciente de nossa história, do que a colonização fez por nós e da doutrina da 'descoberta'." A insinuação era óbvia: muita coisa havia sido tirada dos povos indígenas sob a bandeira da "descoberta" e, da perspectiva dele, eu era mais um em uma longa linha de descobridores brancos dos quais nada de bom poderia vir.

"Essa planta nos foi dada para nossas próprias necessidades. Devemos protegê-la para o bem de nossos filhos e netos, para um momento futuro, quando eles precisarão dela para ajudá-los a sobreviver. [Benally é membro fundador da Iniciativa de Conservação do Peiote Indígena.] Mostrar e dizer ao mundo como funciona e para que serve é algo que tenho medo de fazer. Você entende o que quero dizer? Se alguém puder ganhar dinheiro com peiote, nada vai impedir isso." Os nativos norte-americanos da geração de Benally lembram a moda do peiote dos anos 1970 inspirada por Carlos Castaneda, que atraiu um número incontável de hippies aos jardins de peiote do Texas para colher algo que consideravam uma droga psicodélica, mas que na verdade era um sacramento, pressionando a única floração selvagem de peiote na América do Norte. Outra preocupação é que os cientistas que estão pesquisando psicodélicos como tratamento para doenças mentais voltem sua atenção para o peiote como fonte de um novo remédio.

"Somos ensinados a proteger com afinco nosso remédio."

Depois de uma breve onda de indignação, percebi que não poderia culpá-lo por ser tão protetor de seu conhecimento e por desconfiar de mim. O que significa para ele e para os nativos norte-americanos compartilhar sua cerimônia, e esta planta, com aqueles que tiraram tanto deles?

Mesmo assim, persisti, embora com mais delicadeza, e após uma negociação sobre o que permaneceria em sigilo (incluindo alguns depoimentos de curas milagrosas creditadas ao peiote), conversamos por pelo menos uma hora sobre tudo *exceto* o que acontece na tenda.

Benally acredita que o status jurídico do peiote — com os membros da Igreja Nativa Americana tendo o direito de usá--lo enquanto permanece sendo crime o uso por qualquer outra pessoa — é exatamente como deveria ser: "A lei nos ajuda a proteger esta pequena planta peiote."

Mas, se a planta é um remédio tão poderoso, por que outras pessoas igualmente necessitadas não deveriam poder usá-la também?

"O Grande Espírito nos deu esta planta há muito tempo. Antes do caldeirão cultural, outras pessoas provavelmente tinham esse tipo de conexão com a natureza, com um lugar e suas plantas, algo que nós ainda temos. Ou seja, são pessoas que já tiveram suas próprias plantas medicinais e as perderam.

"Hoje, há muitas pessoas em busca. Elas perderam sua conexão com a terra e com a espiritualidade. Não estão satisfeitas com a medicina e a ciência ocidentais e estão procurando o elo que faltava. Agora, estão tentando pensar como índio, ou como indígena. Entendo isso. Mas não queremos que nossos netos acabem como essas pessoas! Só que se não conservarmos o peiote é assim que vai ser, e então eles terão que procurar outras pessoas para encontrar sua planta [curativa]. É por isso que se faz tudo o que se pode para se agarrar ao que se tem, para que seus filhos não acabem como peregrinos vagando por aí."

Benally nunca usou o termo "apropriação cultural", mas ele ficou pairando no ar entre nós. O pano de fundo de seus comentários é um conflito que eclodiu recentemente entre a Igreja Nativa Americana e um novo movimento de reforma das políticas de drogas chamado Descriminalizar a Natureza. Quase da noite para o dia, esse movimento convenceu os governos municipais em várias cidades (incluindo Oakland, Santa Cruz e Ann Arbor) a ordenar que as autoridades locais tratassem a acusação de crimes envolvendo plantas medicinais ilícitas como ayahuasca, psilocibina e peiote como a prioridade mais baixa. Até que a pandemia suspendesse tudo, as câmaras municipais de meia dúzia de outras cidades estavam preparadas para votar as resoluções do Descriminalizar a Natureza.*

Sozinho, o movimento havia conseguido reformular a reforma da política de drogas, a começar pela palavra "droga", que se abstém escrupulosamente de usar, junto com "psicodélico", outro termo com uma conotação pesada. Não, esses eram agora "remédios à base de plantas", ou "enteógenos", um termo usado para destacar os usos espirituais dos psicodélicos. (Enteógeno significa, em tradução livre, "manifestar o deus interior".) O Descriminalizar a Natureza realizou um trabalho brilhante em naturalizar o uso de psicodélicos; na verdade, reapresentando-os ao mundo como um antigo pilar da relação humana com o mundo natural, uma na qual o governo simplesmente não tem papel legítimo. Há agora mais de uma centena de sedes do Descriminalizar a Natureza em todo o país.

Para aqueles que acreditam que adultos deveriam poder usar remédios à base de plantas sem ter medo da polícia, o sucesso inicial do movimento parecia uma notícia absolutamente positiva. Mas a Igreja Nativa Americana não via as coisas assim. Preocupada que a descriminalização do peiote aumentasse a demanda, levando multidões de psiconautas aos jardins de peiote, a Igreja requisitou que o Descriminalizar a

---

* No dia da eleição em 2020, os eleitores de Washington, D.C. aprovaram uma medida promovida pelo Descriminalizar a Natureza. No início de 2021, Denver (CO), Somerville (MA), Cambridge (MA) e Washtenaw County (MI) também haviam descriminalizado remédios à base de plantas. (N. do A.)

Natureza o removesse da lista de medicamentos aprovados e as imagens do cacto de seu site.

Isso colocava o Decrim, como também é chamado o Descriminalizar a Natureza, em uma saia justa. Seus apoiadores são o tipo de pessoa que respeita profundamente as culturas indígenas e que se vê como consciente de todas as questões de raça, imperialismo e colonialismo. Agora eles haviam entrado em conflito com um grupo — os nativos norte-americanos! — cujas tradições e sabedoria eles não apenas veneravam, como procuravam emular em seu uso de enteógenos. Contudo, para excluir o peiote da lista de plantas descriminalizadas, ou limitar o acesso a uma etnia e não a outra, eles manchariam a bela simplicidade da mensagem do movimento de que não pode haver uma planta "criminosa".

O que fazer? Na esperança de apaziguar os nativos norte-americanos, o Decrim concordou em parar de falar especificamente sobre o peiote e se referir, em vez disso, aos "cactos que contêm mescalina". (Embora o peiote tenha sido especificado como uma das plantas a serem "descriminalizadas" nos textos das resoluções de Oakland e Santa Cruz.) Entretanto, eles não removeram as imagens do peiote de seu site, e publicaram uma declaração que antagonizava ainda mais os indígenas:

> É, portanto, a posição do movimento DN que o cacto divino do peiote não pertence a um povo, nação ou instituição religiosa. Consideramos que ele é um Presente da Mãe Natureza para toda a humanidade, e estamos firmemente comprometidos em despertar a humanidade para as revelações espiri-

tuais e mensagens importantes que o peiote ensina aos guardiões humanos deste planeta que todos compartilhamos e no qual vivemos.

"O Decrim é um tapa na cara dos povos indígenas", me disse Dawn Davis, outro membro da Igreja Nativa Americana. Davis é membro recente dos povos shoshone-bannock e vive na reserva do distrito de Ross Fork Creek, no Idaho. O recurso natural que ela estuda é a população cada vez menor de peiote selvagem. Ela teme que o peiote possa acabar na lista de espécies ameaçadas de extinção, o que seria um desastre para o peiotismo e para a religião que se originou dele.* Ela citou o Decrim durante nossa ligação via Zoom antes mesmo que eu tivesse a chance de perguntar sobre a entidade.

"Agora uma pessoa em Oakland tem mais direito ao peiote do que eu, que faço parte do povo que vive na reserva!" Ela se referia ao fato de que, diferentemente dos cidadãos de Oakland, os nativos norte-americanos não ganharam o direito de cultivar o peiote pelas Emendas à Lei da Liberdade Religiosa dos Indígenas Americanos de 1994; eles também devem provar que são parte de um povo e da Igreja para poder usar o peiote.

"Não ganhamos acesso ao peiote em uma batalha que aconteceu do dia para noite, não foi tão simples quanto participar de uma votação na Câmara. Foram quatro anos de trabalho duro, isso depois de um século de luta para assegurar nosso direito a essa planta."

---

* Nem todo mundo concorda. Alguns acham que a designação poderá ajudar a conservar o cacto e que os nativos norte-americanos seriam a exceção. (N. do A.)

Davis estava à sua mesa em casa quando conversamos, com sua filhinha de vez em quando aparecendo na tela, tentando chamar a atenção dela. Ela tem um rosto redondo, franco, emoldurado por cabelos pretos longos divididos ao meio. Davis não se mostrou muito mais propensa a falar sobre a cerimônia do que Steven Benally, mas por razões um pouco diferentes.

"Não há muitos de nós interessados em falar sobre nossas experiências." Mas ela me contou que seus pais a haviam levado a encontros quando ela era pequena e começaram a lhe dar pequenas quantidades de peiote a partir dos doze anos, uma prática comum. (Davis foi exposta ao peiote ainda no útero, quando sua mãe participou grávida do velório de sua avó.)

"As pessoas perguntam o que sinto durante uma cerimônia da NAC... Mas, para mim, elas são as experiências mais privadas e íntimas, e mesmo eu não as entendo completamente. Só que cabe a mim interpretá-las. Não quero a interpretação de outra pessoa.

"É difícil falar sobre o quão importante e sagrado é este remédio, sobretudo para pessoas que enxergam as plantas como coisas. Para mim, o peiote é um ser senciente. A planta não é uma coisa, é um familiar, um ancião. Já testemunhei o poder de cura do peiote e quero respeitar isso de todas as maneiras que puder."

Davis se preocupa que, diante do aumento da demanda de peiote pelos nativos norte-americanos e das falhas do sistema atual de fornecimento, chegará o momento em que não haverá cacto suficiente para a sobrevivência da religião. O problema é que o sistema atual, no qual quatro *peyoteros* licenciados colhem o peiote e depois o vendem para membros da Igreja, é insustentável. Quase sempre eles trabalham de forma muito rápida, às vezes danificando a planta de forma que ela não possa se regenerar. Mas há outras ameaças também: o gado que pisoteia o cacto já que ele não tem espinhos; a chegada recente das fazendas de energia eólica nas terras de peiote; outros tipos de ação imobiliária; e a coleta ilegal, que cresce junto com a popularidade dos psicodélicos. Davis reconhece que os próprios nativos norte-americanos têm certa responsabilidade pela escassez.

"Há conversas com os povos sobre reduzir o consumo. Existem indivíduos que participam de cerimônias todo fim de semana. Chamo eles de 'comilões'. Eu procuro ingerir com muita consciência porque sei o quão longe o remédio viajou. Mas muitos nativos norte-americanos nunca estiveram nas terras do peiote; eles perderam a conexão com sua planta." É por isso que a Iniciativa de Conservação do Peiote Indígena, para quem Davis trabalhou como consultora, é tão vital: ela promete retomar a ligação dos nativos norte-americanos com as terras do peiote, possibilitando que eles façam a peregrinação e colham peiote nos 605 acres que a Igreja agora possui.

Perguntei a Davis sobre o potencial de cultivo para reduzir a escassez. Assim como a maioria dos nativos norte-americanos com que conversei sobre o assunto, ela é cética sobre o peiote cultivado em estufa se equiparar ao peiote selvagem. "Não sabemos como o peiote produz sua mescalina. No meio ambiente podem ser os coelhos, o zimbro, o solo, uma ave migratória, as chuvas; talvez todas essas coisas façam dele o que ele é. Eu me preocupo que, ao tirá-lo de seu habitat, ele se torne outra coisa.

"Vi vídeos das plantas de Martin Terry, e elas vivem em uma estufa atrás de três pares de cadeados! Eu olho para essas pobres plantas e penso: pelo que estão passando?" No entanto, Davis não é contra a ideia de começar a cultivar os cactos em viveiros externos e depois transplantá-los para a floresta. "Mas manter as populações selvagens que temos deve ser a prioridade."

Nisso, pessoas brancas são essenciais, acredita Davis, e essa é a razão pela qual ela aceita convites para falar em conferências psicodélicas. A mensagem dela: "Deixem o peiote em paz. Não é o que eles querem ouvir. Mas não acredito que este remédio seja para todo mundo e que tudo é paz e amor. Eles podem sintetizar quanta mescalina quiserem, mas, por favor, deixem os cactos selvagens em paz."*

Depois de conversar com Davis e Benally, percebi que dizer que o uso do peiote por pessoas não indígenas é um exemplo de apropriação cultural não é correto. Se apropriar de uma expressão cultural — uma prática ou ritual, digamos — pode ou não reduzi-la; ambas as posições são defensáveis. Contudo, a prática em si não deixa de existir por ter sido emprestada ou copiada. Não é o caso do peiote hoje. Aqui, a apropriação está acontecendo na realidade finita dos recursos materiais — falamos de uma planta cujo número está em queda. Isso coloca o consumo do peiote por pessoas brancas numa longa fila de roubos não metafóricos contra os nativos norte-americanos.

---

* Mais tarde Davis me procurou para dizer que não defende mais a mescalina sintética, já que não é possível garantir de que aquilo que está sendo chamado de sintético não foi, de fato, extraído do cacto. "Não há transparência suficiente em relação ao processo para eu ter certeza de que isso não acontece." (N. do A.)

Eu começava a ver que, para alguém como eu, o ato de *não* ingerir o peiote poderia ser o mais correto.

NEM TODO NATIVO NORTE-AMERICANO com quem falei estava tão relutante em conversar sobre o que acontece na tenda, nem mesmo era hostil à ideia de convidar um branco para observar a cerimônia se ele "for no espírito certo". Sandor Iron Rope é um teton lakota de 51 anos de Black Hills, Dakota do Sul, presidente da Igreja Nativa Americana da Dakota do Sul e figura central na IPCI. Ele foi de carro até Rapid City para nossa ligação; a conexão de internet da reserva não suportaria uma sessão de Zoom. Gentil, Iron Rope tinha uma postura capaz de desarmar qualquer um e estava aberto e disposto a ir a lugares em nossa conversa que Benally e Davis não tinham ido. Quando perguntei se ele me levaria a uma tenda para uma cerimônia de peiote, ele parou, organizou seus pensamentos e fez uma tentativa, com um alerta de que algumas de suas palavras e conceitos poderiam ser estranhos para mim. Aqui está parte do que ele me disse:

> Se você quer entrar na tenda, deve primeiro mudar seu padrão de pensamento. Na perspectiva indígena, estamos aqui sobre a Mãe Terra. Sentimos o vento e o vento fala. O sol surge numa certa direção e desaparece numa certa direção. E então construímos um altar no chão feito da Mãe Terra e na forma de uma lua crescente. E sabemos que o Avô Fogo vai conversar e comungar conosco, então construímos a fogueira na forma de uma oração, fazendo oferendas durante o

processo. Os quatro elementos — a terra, o fogo, a água e o ar — vão entrar na cerimônia em algum momento. E então há a planta, colocada no altar.

Algumas pessoas a chamam de carne de nossos ancestrais, porque é isso que ela é, sabe? E ao mesmo tempo é um espírito. Pessoas diferentes têm experiências diferentes com o remédio. Ele fala com você em níveis diferentes: sobre o que você precisa ver, o que precisa sentir ou experimentar. O remédio conhece você antes mesmo de você se conhecer. É como um espelho. Quando levantam e olham no espelho, as pessoas podem se arrumar, escovar os dentes e ver se eles estão bem, se estão apresentáveis para a sociedade, sabe? Mas este remédio é um espelho que permite que você veja dentro de si mesmo, no âmago do seu coração e alma. O peiote conhece você.

Então quando você começar a pensar sobre algo, talvez algo que precise de cura, aquilo em que você está pensando, aquilo que você está dizendo, o remédio pode te ouvir. Não é como pegar o manual de transtornos e fazer um diagnóstico. Nosso modo de vida é assim, falar com as coisas e perceber a força da vida em todas elas.

Frequentemente numa reunião alguém dirá: "Por que estamos reunidos?" Estamos reunidos porque preciso de ajuda com esse problema. Pode ser uma doença, um divórcio, um abuso doméstico, alcoolismo. Quero orações por essa razão. Aquela pessoa irá se sentar em um certo local.

A tenda representa uma família e uma casa. Os mastros que a seguram representam a mulher, a fundação. E a cobertura representa o homem protegendo a mulher e o fogo interno. O fogo é o avô, e o batente representa a avó, os dois guiando a oração da família que remonta a um tempo muito antigo. E aquelas pequenas estacas que seguram a tenda são todas as nossas crianças. Então, quando você entra na tenda está entrando naquela família espiritual para conseguir ajuda, orações, porque somos todos família, queira ou não.

As pessoas podem se afastar durante a meditação; elas vão ver coisas e ouvir coisas e sentir o cheiro de coisas, mas o intercessor irá lembrá-las de que elas estão ali por uma razão e trará todo mundo de volta a esse propósito. As músicas e orações e os tambores ajudam todos a se concentrar nesse intuito.

O conceito de uma família orando unida — que é o que o governo impediu e interrompeu quando enviou nossas crianças para internatos, cortando o cabelo delas, que é sagrado. Perder o cabelo é perder sua identidade espiritual. Então muita cura é necessária depois disso. E também o álcool foi apresentado em nossas reservas. Ele estava roubando o espírito de nosso povo. E então vieram muitas outras coisas, muitos tipos de trauma. Mas era uma batalha espiritual no começo [para defender a cerimônia do peiote] e é até hoje.

Um dia você se sentará ao nosso lado em alguma tenda e perceberá um pouco sobre o que estamos falando.

Às vezes, às vezes se você respeita uma coisa, precisa deixa-la em paz. Meu pai serviu na guerra e me lembro de, quando eu era garoto, ele ter uma arma no armário. E na mesa de cabeceira tinha um colar de contas daqueles feitos de sementes, que ele usava para produzir itens. Eu entrava lá, colocava o dedo naquelas contas e mexia nelas. Um dia, quando ele chegou em casa, disse: "Ei, quem mexeu nas minhas contas?!" Eu não queria dizer que tinha sido eu. E depois ele nos flagrou algumas vezes, sempre que entrávamos no quarto dele, sabíamos que não deveríamos tocar em suas contas, então a gente só olhava. Só isso.

Às vezes, a melhor maneira de mostrar respeito por algo é simplesmente deixar aquilo em paz.

As palavras de Sandor Iron Rope foram o mais perto que cheguei de uma reunião de peiote, e pode muito bem ser o mais perto que chegarei na vida. E, como Iron Rope havia previsto, há muita coisa em seu relato que não consegui entender completamente.

Encontrei alguma luz em um livro acadêmico: *A Different Medicine: Postcolonial Healing in the Native American Church* [Um remédio diferente: Cura pós-colonial na Igreja Nativa Americana], de Joseph D. Calabrese, publicado em 2013. Calabrese é um antropólogo e psicólogo clínico que passou dois anos na nação navajo, trabalhando como clínico e observando como antropólogo para sua dissertação. Durante sua temporada no Arizona ele participou de várias cerimônias, e suas observações me ajudaram a dar sentido a muitas das coisas que Sandor Iron Rope disse. Então aqui vai, tendo em vista todas as limitações intrínsecas à situação, a versão que um homem branco tem do peiotismo, que é a visão de uma prática indígena através do prisma de conceitos ocidentais da psicologia e da antropologia.

Calabrese descobriu que muitos navajos compartilham da crença de Sandor Iron Rope de que o peiote é um espírito onisciente e que de alguma forma "conhece" as pessoas melhor do que elas se conhecem; que ele tem o poder de expor suas falhas e forçar a pessoa a confrontá-las. O peiote funciona na vida dos membros da Igreja em grande medida como um superego; ele sugere que a planta contempla as pessoas. As crianças são socializadas nessa crença aprendem que "o espírito do peiote conhece as atividades dele ou dela mesmo na ausência dos pais". Conceber uma planta como um espírito onisciente pode parecer fantasioso, mas até que ponto isso difere de uma construção psicológica como o superego — uma voz interior que nos lembra das restrições morais e éticas de nossa sociedade?

O que eu acho impressionante no relato de Calabrese é que temos no peiote uma "droga" que, em vez de subverter as normas sociais, na realidade as reforça. "A Igreja Nativa Americana surgiu como um movimento de revitalização", aponta ele, "focado na cura pessoal, na reconstrução da comunidade, em relações familiares harmoniosas, na conexão com o Divino e na abstinência de álcool". Comparada aos psicodélicos no Ocidente nos anos 1960, o papel do peiote na comunidade nativa americana é notavelmente conservador. (Mais um lembrete do papel primordial do cenário e da ambientação em toda experiência psicodélica.) O uso do peiote na Igreja Nativa Americana nos dá um modelo moral do uso de drogas.

O fato de que esse modelo exista (e existe em outras culturas tradicionais também) exige que reconsideremos todo o conceito de "drogas" e as falhas morais que associamos a elas. No Ocidente, nossa compreensão delas é organizada em torno das ideias de hedonismo, da vontade de escapar e o desejo de anestesiar os sentidos. Os primeiros observadores brancos do peiotismo em geral supunham que os indígenas usavam a droga como um anestésico, escreve Calabrese, quando, na realidade, o peiote "tende a aumentar a intensidade das sensações em vez de diminuí-las". Uma experiência psicodélica pode dar muito trabalho, exatamente o oposto do que a maioria das pessoas espera das drogas ilícitas. Os ocidentais também tendem a colocar remédios e religião em caixas diferentes, mas, para os nativos norte-americanos (assim como para muitas culturas tradicionais), a religião tem a ver, sobretudo, com cura. A fusão dos dois foi formalmente reconhecida pelo Serviço de Saúde Indígena, que hoje arca com o custo das reuniões de peiote (e cabanas de suor) para o tratamento de certas doenças. Difícil de imaginar, mas existe um "código de atendimento ao cliente" para uma cerimônia religiosa com um sacramento psicodélico!

O principal mal curado pelo peiotismo é o trauma em suas várias manifestações coletivas e individuais, o legado permanente das políticas oficiais que procuravam nada menos do que "a destruição das culturas nativas americanas". Calabrese nos lembra o momento histórico em que a nova religião começou a se espalhar pela América do Norte: logo depois que os indígenas foram forçados a se mudar para as reservas e a Dança dos Fantasmas havia sido violentamente suprimida. "Em vez de se concentrar na transformação do mundo através do desaparecimento dos europeus", escreve o autor, o peiotismo "se concentrou na transformação pessoal que permitira sobreviver à situação pós-conquista, construir uma comunidade mais forte e evitar formas de desordem pós-colonial como o vício no álcool do Homem Branco".

Como a cerimônia de peiote realiza essas transformações? Calabrese propõe uma explicação psicológica que os nativos norte-americanos sem dúvida considerariam simplista, mas que me parece plausível. Assim como outros compostos psicodélicos, a mescalina do peiote induz um estado de plasticidade mental, um estado em que a pessoa está altamente sugestionável e, portanto, aberta a aprender novos padrões de pensamento e comportamento. Nesse estado de transe, crenças limitantes sobre você ("Não consigo passar o dia sem bebida"; "Não valho nada"; e assim por diante) tendem a se suavizar até que seja possível construir outras novas, geralmente narrativas de transformação ou renascimento. Além do ambiente de grupo, este modelo se assemelha muito à "terapia psicodélica" na forma com que é praticada hoje no Ocidente.

Mas a ambientação de grupo aqui é fundamental. O fato de que o processo de cura acontece dentro de uma comunidade, com todos ouvindo a mesma música e entoando as mesmas orações, olhando para o mesmo fogo e experimentando as mesmas mudanças na química cerebral, serve para reforçar a nova narrativa do indivíduo, assim como o fato de a atenção do grupo estar fixa no recipiente das orações. Parece um pouco com uma reunião dos Alcoólicos Anônimos, onde as histórias de transformação e renascimento são criadas e depois cimentadas pela aprovação da comunidade. Exceto que nesse caso o poder do ritual é imensuravelmente aumentado pelo estado alterado de consciência que todos compartilham.

Para mim, qualquer investigação sobre a cerimônia do peiote pareceria incompleta sem chegar a uma explicação desse tipo, embora eu possa entender por que nativos norte-americanos como Dawn Davis ou Sandor Iron Rope talvez não a aceitem. No início da pesquisa, entrevistei um advogado, um homem branco, que foi crucial ao ajudar a Igreja Nativa Americana a garantir seu direito de usar o peiote. Jerry Patchen participou de mais cerimônias de peiote do que consegue relatar. Em um e-mail, se lembrou de uma que o deixou perplexo com algo que acontecera durante a noite. Pela manhã, depois que a cerimônia tinha sido concluída e todos estavam amontoados ao redor da tenda, ele pediu uma explicação a um jovem navajo.

"Esse é o problema com vocês, brancos. Vocês sempre querem entender tudo. Nós apenas sentimos."

6. Um interlúdio: sob a mescalina

Foi MAIS OU MENOS nessa época que o destino deixou na minha porta duas cápsulas gordas de sulfato de mescalina. Descobri que a cultura do presente está muito viva na comunidade psicodélica e um amigo que sabia do meu interesse na substância de alguma forma providenciou uma dose para mim. Ele conhecia o químico responsável pela produção, o que me livrava de qualquer temor de que na verdade aquilo fosse LSD ou alguma outra falsificação, como às vezes pode acontecer. Embora eu ainda não tivesse experimentado o peiote ou o São Pedro, me perguntei quais seriam as diferenças da mescalina pura. Quis saber se minha experiência teria semelhança com a de Aldous Huxley. Quis saber todo tipo de coisa, mas nada me preparou para o que ia acontecer.

A hora e o lugar que escolhi para minha viagem pareciam ideais: um dia tranquilo de verão em uma casa construída sobre palafitas acima de um corpo de água salgada. A baía, com seus humores e padrões mudando com a brisa e a maré, enchia as janelas da casa e batia nos pilares que a sustentavam. Eu só tinha uma única dose, então Judith concordou em me monitorar. Engoli as duas cápsulas às nove da manhã. O início da mescalina pode ser terrivelmente lento, então passamos a primeira hora caminhando ao longo da costa, um interlúdio bastante agradável até que comecei a ficar impaciente. "A boa mescalina vem devagar", escreveu Hunter Thompson em *Medo e delírio em Las Vegas*. "A primeira hora é só de espera; na metade da segunda você começa a xingar o idiota que te enganou porque nada está acontecendo... e então ZANG!"

No meu caso a coisa foi mais gradual; não existiu um ZANG. Quando comecei a sentir a mescalina, estava sentado do lado de fora, no convés, lendo, enquanto observava duas cabeças amarelas brilhantes que cortavam a água ondulante, um par de bons nadadores. Eu tinha erguido os olhos do livro quando de repente senti uma onda de repulsa pelo papel, quase uma náusea. *Por que alguém ia querer ler? Trabalhar para extrair significado de todas essas marcas pretas feias?* De repente, todo o empreendimento da leitura me pareceu absurdo. Não, o que eu queria e precisava fazer naquele momento não era ler, mas *olhar* — a água azul-escura, as cabeças amarelas marcando linhas nela, os grãos e as manchas nas tábuas de cedro que revestiam a casa. Era incrível o quanto havia para ver! Os pelicanos avançando pesadamente sobre a água antes de subirem bem devagar para o céu. Os reflexos diamantinos da luz do sol refletindo nas ondulações da baía. O tom louco de verde-amarelado nas meias de Judith. Fiquei cativado por tudo isso e não conseguia imaginar querer fazer outra coisa senão devorar com os olhos tudo o que havia para ver.

Tentei, lembrando de Huxley, investir alguns minutos estudando os vincos da minha calça, mas eles não eram nada interessantes. (Talvez porque eu estivesse de shorts.) Mesmo assim, reconheci a qualidade da absorção total no mundo material que Huxley descreveu. Qualquer desejo de me levantar e me mover sumiu; havia muito para examinar bem aqui. Escrevi: "Há o suficiente aqui. Para ver, entender, experimentar." E então: "A suficiência da realidade."

A palavra "suficiência" aparece em minhas anotações várias vezes naquele dia e contém uma chave, acho, para o que foi distinto na experiência. Dizer que a mescalina me imergiu no momento presente não basta. Não, eu era um cativo indefeso do momento presente, minha mente tendo perdido por completo a capacidade de ir para onde normalmente vai, que é voltar no tempo — seguindo fios de memória e associação a momentos passados — ou avançar — para o país ansioso de antecipação. Eu estava enraizado na fronteira do presente e, embora isso logo fosse mudar, não havia nenhum outro lugar onde eu quisesse estar, ou qualquer outra coisa da qual eu precisasse da vida para estar contente. O que quer que estivesse em meu campo de consciência — esse suntuoso banquete da realidade! — bastava.

Eu me perguntei se havia encontrado um caminho oculto para fora do labirinto de ansiedade em que o vírus e os incêndios da Califórnia tenham nos aprisionado, simplesmente ao baixar o horizonte de minha atenção do futuro, visto que era lá que o vírus e os incêndios existiram principalmente para nós... Eu tinha recuperado um pouco da beleza e do prazer de viver que tinham sido perdidas com a pandemia. Havia uma amplitude nesse presente que parecia o antídoto perfeito para a claustrofobia do mundo encolhido do *lockdown*. Era isso que significava se tornar um rei do espaço infinito?

Bebi dos objetos de minha atenção como alguém que de repente desenvolveu uma sede insaciável de realidade. Por mais que eu olhasse o padrão de espinha de peixe da água quando a maré virou, nunca seria o bastante; o mesmo valia para os botes e pássaros costeiros navegando diligentemente pela baía; a fantástica multiplicidade de verdes formando a outra margem, imprensada entre essas duas grandes placas de azul, uma do mar, a outra do céu.

Até certo ponto, isso é o que todo psicodélico faz — eles não mudam o modo como nos sentimos por dentro (como fazem os estimulantes ou depressores), mas imbuem o mundo ao nosso redor com qualidades nunca antes apreciadas. Na psilocibina ou no LSD, os objetos de nossa atenção podem ganhar vida e se transformar diante de nossos olhos: uma planta de jardim, de repente senciente, pode olhar para nós, ou uma cadeira pode assumir uma personalidade e se tornar malévola. Nos psicodélicos, com muita frequência os objetos se tornam algo muito além do que são. Eles apontam muitas vezes para um lugar além do mundo conhecido, para outro plano de existência. E, às vezes, podemos segui-los até lá.

Mas o que eu estava experimentando não era assim. Os objetos não apontavam para nada. Não, eles eram enfaticamente eles mesmos — e mais eles mesmos do que nunca. Fiz uma nota enigmática — "consciência de haicai!" —, mas, pensando bem, tenho uma boa ideia do que estava tentando dizer: naquele dia, tudo no mundo adquiriu essa qualidade zen da simples presença, uma espécie de imanência.

O poeta Robert Hass escreveu sobre esse aspecto do haicai, que remonta ao fato de que na cosmologia budista não há criador e, portanto, nenhum plano superior de significado ao qual a natureza se refira. (Embora os nativos norte-americanos falem do "Grande Criador", a natureza para eles também é completa em si mesma, incorporando o espírito mais do que o significando.) Em contraste, na concepção cristã das coisas a natureza é decaída; depois, com o romantismo, a natureza passou a poder oferecer redenção, servir como meio de transcendência. Mas, de qualquer forma, o que a natureza faz em nossa cultura é apontar para algo. Ela está sobrecarregada pelos significados que atribuímos a ela.

O poeta que mais trabalhou raspando todo aquele significado, simbolismo e crosta judaico-cristã do mundo natural foi

William Carlos Williams, que decidi naquela tarde ser o santo padroeiro da mescalina. (Em contraste, os santos padroeiros do LSD, ayahuasca ou psilocibina são os poetas visionários: Blake, Whitman, Ginsberg.) Mais de uma vez, Williams conseguiu com seus poemas evocar na página a realidade nua e crua das coisas, nunca mais efetivamente do que com seu carrinho de mão:

> há tanto que depende
> de um
>
> carrinho de mão
> vermelho
>
> vítreo de água
> da chuva
>
> ao lado das galinhas
> brancas

Relendo Williams depois do meu dia com mescalina, poemas que antes pouco haviam me interessado, senti um choque de reconhecimento. *Foi com esses olhos que eu vi!* Ali estava a pura "existência" do mundo dado e de seus objetos num determinado momento no tempo. Consciência de haicai.

No entanto, ao mesmo tempo, há algo aqui — tanto no poema quanto no mundo que se revelou com a mescalina — que, com toda a sua beleza, parece quase mais do que uma mente é capaz de suportar. Seria a pungência ou a transitoriedade ou o quê? Não tenho certeza. Mas, à medida que a mescalina se intensificou, meu deleite inicial com a existência e com a imanência dos objetos deu lugar a um arrepio ou sombra que eu não conseguia explicar — até que uma frase, de outro poeta, surgiu em minha mente: "a imensidão de coisas existentes"*.

Foi isso — a imensidão das coisas existentes — que começou a me oprimir durante a próxima fase do dia, à medida que o pico de intensidade se aproximava e as coisas ficavam mais sombrias. Esqueci de mencionar que a afirmação de Hamlet de ser o rei do espaço infinito era condicional: o verso seguinte é "não fosse pelos sonhos ruins". Eles surgiram nesse ponto. Agora parecia que isso era mais realidade do que eu poderia suportar. Bem abertos, meus sentidos estavam admitindo à consciência uma quantidade exponencialmente maior de tudo — mais cor, mais contorno, mais textura, mais luz. Foi, para citar Huxley, "maravilhoso a ponto de quase ser assustador". De fato. Senti como se as coisas pudessem facilmente se transformar em terror.

A viagem de Huxley o convenceu de que a função da consciência comum é nos proteger da realidade por um processo de redução ou filtragem; ele fala da consciência como uma "válvula redutora", e a metáfora nunca pareceu mais adequada. Abrir as portas da percepção foi maravilhoso, no sentido literal da palavra, mas sem os filtros usuais de consciência vinha o medo "de ser oprimido, de desintegrar-se sob uma pressão da realidade maior do que a mente — acostumada a viver a

---
* O verso é do poema em prosa "Esse", do poeta polonês Czeslaw Milosz. (N. do A.)

maior parte do tempo em um mundo aconchegante de símbolos — poderia suportar".

Era nesse ponto que eu estava e, por um momento, pareceu uma espécie de loucura. Meu eu em primeira pessoa ainda estava presente, mas faltava a ele qualquer força de vontade, era passivo demais para se defender do ataque da realidade, do infinito. Então fechei os olhos, na esperança de estancar a torrente de dados sensoriais que inundava minha consciência. Isso proporcionou uma trégua, mas apenas brevemente. De olhos fechados eu via um intrincado padrão de corpos entrelaçados, dançando num rolo vertical, algo que lembrava miniaturas hindus em poses tântricas ou de ioga. Quando tentei esvaziar a mente meditando, o "eu" que meditava não era reconhecível como eu — mudava o tempo todo, um estranho após o outro se revezando na meditação em minha mente. Aquele de que me lembro com mais nitidez foi uma jovem latino-americana usando um vestido de camponesa branco e que parecia ter alguma conexão com os usuários indígenas de mescalina sobre os quais eu estava lendo e que vinha entrevistando. Uma hora, estar de olhos fechados se revelou ainda mais opressor do que de olhos abertos; agora, em vez dos sentidos e da realidade externa, as comportas internas da emoção se escancaravam, admitindo ondas de tristeza pelas pessoas que eu havia perdido ou de quem havia me afastado, um *pathos* sem limites por todas as pessoas, conhecidas e desconhecidas, que sofriam agora ou sofreram antes e que viriam a sofrer no futuro, mais sofrimento do que qualquer um poderia manter dentro da cabeça sem que ela rachasse. Pareceu possível que admitir tamanha dor pudesse matar uma pessoa.

Abri os olhos novamente, tendo decidido que tinha mais chances de resistir à inundação da válvula aberta dos sentidos do que à enxurrada de emoção, lembranças e imaginação. Nunca minhas pálpebras pareceram tão cruciais; eram tecnologias poderosas para mudar os canais da consciência.

O que estava acontecendo no meu cérebro?! A noção de que há muito mais lá fora (ou aqui) do que nossas mentes conscientes nos permitem perceber é coerente com o conceito neurocientífico de codificação preditiva. De acordo com essa teoria, nosso cérebro admite a quantidade mínima de informação necessária para confirmar ou corrigir seus melhores palpites sobre o que está lá fora ou, no caso de nossos sentimentos inconscientes, aqui dentro. Essas previsões de cima para baixo da realidade e as crenças anteriores são um pouco como mapas para experiências sensoriais e psicológicas e, desde que representem o território real bem o suficiente para que possamos navegar por ele com sucesso, não há necessidade de inundar o sistema com detalhes. A seleção natural moldou a consciência humana não necessariamente para representar a realidade de forma pormenorizada, mas para maximizar nossa sobrevivência, admitindo apenas o "mísero filete" — frase de Huxley — de informações necessárias para sobrevivermos, em vez de todo o espectro do que há para se percebido e pensado.

Os psicodélicos parecem desorganizar esse sistema de duas maneiras: em alguns casos, as previsões do cérebro sobre a realidade ficam confusas, como quando você vê rostos nas nuvens ou notas musicais ganham vida ou algo acontece para convencê-lo de que você está sendo seguido. Comum no LSD e na psilocibina, esse tipo de pensamento mágico pode ocorrer quando as previsões de cima para baixo geradas pelo cérebro não são mais restringidas ou corrigidas de modo adequado por informações de baixo para cima que chegam do mundo através dos sentidos.

Mas se o relato de Huxley e minha experiência são representativos, então algo muito diferente acontece no cérebro com o uso da mescalina. Nesse caso, as informações ascendentes dos sentidos e emoções inundam nossa consciência, varrendo as previsões, mapas, crenças e "símbolos aconchegantes" da mente — todas as ferramentas que temos para organizar os mundos interno e externo — no que parece uma onda de espanto.

O pico esmagador da experiência não durou muito, felizmente, e por fim encontrei um equilíbrio que me permitiu navegar por todas as informações que chegavam sem naufragar. O efeito da mescalina é de longa duração — ela é, supondo que você esteja gostando, o mais generoso dos psicodélicos — e eu me preparei para o passeio de 12 horas. No momento em que recuperei um pouco do controle da mente, pude escolher me aprofundar em qualquer coisa que olhasse ou pensasse. Um pouco depois naquela tarde, comecei a conversar e gostei de estar perto de Judith. Juntos, ouvimos música e pude notar mais nas notas e arranjos do que imaginei haver ali antes. O sol do final da tarde inundava a casa, o que inspirou pensamentos sobre sombras e a maneira como elas faziam comentários — irônicos, humorísticos, sarcásticos — sobre os objetos que as projetavam, seus supostos mestres. E as notas musicais? Elas podiam projetar sombras? Escutei as notas. (*Definitivamente!*) Contemplei a baía pela janela e registrei cada mudança de cor ou humor. Meu coração parecia ter sido aberto pela molécula, as janelas dos meus sentidos também: havia muito ali para saborear, estando naquele lugar e momento ao lado de Judith.

A certa altura, naquela tarde, tive um pensamento um tanto macabro: como exatamente eu sentiria esse lugar e esse momento no tempo se eu soubesse que minha morte estava próxima? Que estava a semanas ou mesmo dias de distância? Tudo isso pareceria infinitamente precioso e comovente. Eu valorizaria cada detalhe da cena como um presente, a ser mantido com firmeza no abraço dos sentidos: o rubor dos damascos perfumados naquela tigela azul, o reflexo das nuvens no vidro da água na maré vazante, o grito triste de uma gaivota chegando do outro lado da baía. Seria, percebi com um sobressalto, exatamente como me sinto agora.

Então, por que não se sentir assim sempre? Bem, seria cansativo, com certeza, transformar a vida nesse tipo de contemplação sem fim. É provável que a consciência comum não tenha evoluído para fomentar esse tipo de percepção, que é focada no ser — contemplação — em detrimento do fazer. Mas essa, acho, é a bênção desta molécula — desses cactos notáveis! — que, de algum modo, é capaz de abrir as portas da percepção e nos trazer de volta esta verdade, óbvia, mas raramente registrada: que é exatamente aqui que vivemos, em meio a esses presentes preciosos na sombra daquele momento que se aproxima.

Fiz uma anotação para não esquecer o que aprendi depois que o efeito da mescalina passasse: "Será que a mescalina me mostrou a porta na parede?" Se sim, então a porta era — como Sandor Iron Rope tinha tentado me dizer! — mais como um espelho, pois tudo que eu precisava aprender não estava do outro lado dela, mas bem aqui, na minha frente, e tinha estado bem aqui o tempo todo.

7. Aprendendo com o São Pedro

OS INDÍGENAS QUE ENTREVISTEI não tinham interesse na mescalina, a molécula, ou no tipo de experiência que tive com ela; para eles, o poder estava no cacto, fosse o peiote ou São Pedro, e especificamente no modo como ele manifestava seu poder na cerimônia.

Eu estava mais ansioso do que nunca para participar de uma. No entanto, além do problema logístico de chegar ao Texas e passar a noite em uma tenda lotada durante uma pandemia, havia agora a injunção dos nativos norte-americanos a considerar: respeitar a prática do peiotismo, como uma pessoa branca, significava deixar o peiote em paz. Pegar um avião para o Peru estava fora de cogitação; o país tinha sido atingido de maneira particularmente dura pelo vírus, e a próxima viagem de Don Victor a Berkeley seria sabe-se lá quando. Mas eu tinha uma pista sobre uma "portadora de remédios" que tinha sido treinada por ele. Ela agora liderava cerimônias Wachuma (o termo "São Pedro" nunca passa por seus lábios) em um lugar que poderia ser alcançado sem entrar num avião. Começamos a conversar e depois a nos encontrar, ao ar livre, no jardim dela e no meu.

Taloma, como ela me pediu para chamá-la, começou a trabalhar na medicina na casa dos 30 anos. Na época, seu casamento tinha acabado. "Eu não estava em um bom momento. Estava morando em hotéis baratos, comendo *fast food*, sozinha." Um dia, dirigindo por Big Sur, Taloma avistou a placa para Esalen, o lendário centro de retiro onde o movimento do potencial humano começou. Curiosa, ela parou, mas foi barrada no portão: apenas participantes de oficinas tinham permissão para entrar na propriedade. Taloma saiu de lá com um folder do catálogo. Durante uma parada numa cidade a alguns quilômetros de distância, acabou se trancando para fora do carro. Enquanto esperava por horas pela chegada do caminhão de reboque, a única coisa que tinha para ler era o catálogo de Esalen.

"Estava cheio de todas essas balelas esotéricas", lembra ela. Taloma não era bem o perfil de Esalen. Nunca tinha fumado maconha, muito menos usado qualquer coisa mais forte, e se considerava racionalista demais para acreditar em "almas ou energias". No entanto, Esalen, com sua comida orgânica e banhos quentes, parecia o refúgio perfeito. Então, Taloma se inscreveu para um workshop de uma semana chamado "Curando a Criança Interior". A experiência a colocou numa jornada de autocura que, com o tempo, a conduziu ao seu chamado: curar outras pessoas com a ajuda do que ela chama de "plantas medicinais mestras".

Taloma acabou permanecendo e trabalhando (no jardim) em Esalen por muitos meses; "a terra poderosa, sagrada" trabalhou nela. "Salvou a minha vida", ela me contou. Enquanto estava em Big Sur, Taloma foi apresentada ao "caminho vermelho": trabalhando para um ancião nativo chamado Pequeno Urso, ela fez uma série de missões de visão nas montanhas de Santa Lucia atrás de Big Sur, jejuando sozinha no ambiente selvagem por quatro dias, depois sete e até mais. Ela participou das tendas de suor.

No dia que deixou Big Sur, Taloma teve uma experiência de quase morte: o Jeep que ela dirigia capotou três vezes na Rota 1 antes de quase cair no mar. Ela se lembra de se encontrar num túnel com uma luz à distância, antes de voltar à consciência. Taloma quebrou o pescoço e precisou de extensa cirurgia para recuperar a mobilidade. Foi durante uma dolorosa e longa convalescência que ela descobriu o poder de cura das plantas psicoativas usadas nas cerimônias indígenas — ayahuasca, peiote, Wachuma e tabaco. Ela estava "no caminho do remédio".

Com maçãs do rosto salientes e cabelos longos e lisos repartidos ao meio, Taloma poderia ser confundida com uma nativa americana. Na verdade, ela é mestiça, principalmente nipo-americana, com um traço de ancestralidade nativa, de acordo com a história familiar. Mas, embora mencione com frequência esse fato, Taloma também se esforça para lembrar às pessoas: "não sou uma nativa americana. Eu não vivi essa luta e não fui criada nessa cultura". Sua reverência pela cultura indígena é tamanha que, onde quer que se encontre, ela buscará as bênçãos dos nativos norte-americanos locais antes de realizar cerimônias em suas terras.

Nos anos desde que embarcou no caminho do remédio, Taloma se colocou como aprendiz de anciões de duas linhagens: o Fogo Sagrado, de Itzachilatlan, um movimento espiritual bastante novo, baseado no México, que procura reunir culturas indígenas da América do Norte e do Sul ao combinar suas cerimônias e remédios orgânicos; e a cerimônia tradicional Wachuma do Peru, que ela descobriu com Don Victor e seu professor, Don Agustín. Só depois de vinte anos como aprendiz Taloma se sentiu pronta para conduzir cerimônias e ministrar ela mesma o remédio.

Entre todas as plantas mestras com as quais trabalhou, Wachuma ocupa um lugar especial. "Cada planta tem seu próprio espírito", disse ela. "Eu me conectei ao Wachuma por sua vontade indomável de sobreviver." É verdade! Corte um pedaço do cacto Wachuma, deixe em qualquer lugar — no chão ou sob a calçada, no sol ou no escuro — e logo do pedaço cortado surgirá um novo cacto. Desde que ele não seja congelado por completo, a planta irá crescer em qualquer lugar: cidade ou campo, nas montanhas ou ao nível do mar, dentro de casa ou ao ar livre; ele fica feliz em ser irrigado, mas sobrevive por meses sem uma gota de água; produzirá um novo broto de qualquer corte ou machucado e, para um cacto, cresce rápido — facilmente trinta centímetros por ano. Apesar de ter flores espetaculares e poder produzir sementes, sua principal estratégia reprodutiva parece depender do desastre: ser cortado por facões ou derrubado pelo vento. Onde quer que caia, a planta pega no tranco; toda queda é apenas mais uma oportunidade de começar uma nova vida. Comparado com o pequeno e vulnerável peiote, o Wachuma é indomável.

"Esse é o tipo de remédio que quero levar para as pessoas", diz Taloma. "Ele conhece a energia da cidade, os aviões sobrevoando, as sirenes na rua, as ondas de Wi-Fi e celular das quais não podemos escapar. O Wachuma sabe com o que estamos lidando. É também uma planta gentil e de coração aberto. Sinto fortemente que é o remédio certo para este momento."

Taloma não tinha realizado nenhuma cerimônia Wachuma desde o início da pandemia, mas havia uma planejada para o final de agosto, e fiquei animado quando ela convidou a mim e Judith para participar. Em deferência ao vírus, a cerimônia noturna aconteceria ao ar livre, com o distanciamento social adequado; usaríamos máscaras e tomaríamos o remédio em copos de papel em vez de compartilhar o cálice cerimonial. E todo mundo teria que fazer o teste para o coronavírus alguns dias antes do evento.

Na semana anterior à cerimônia, Judith e eu compramos testes de covid-19 por correio. Compramos novos sacos de dormir caso a noite fosse fria. Em uma longa reunião via Zoom "conhecemos" a cerca de uma dúzia de pessoas no *allyu*, ou círculo do remédio, de Taloma e compartilhamos nossas intenções para a cerimônia. Tomaríamos três copos de Wachuma durante a noite. Duas semanas antes da cerimônia eu me encontrei com Taloma e dois de seus ajudantes enquanto eles colhiam grandes pedaços de Wachuma de uma grande plantação da qual ela cuida, usando serras de poda para cortar a carne surpreendentemente macia da planta. Marcamos uma data para cozinhar alguns dias antes da grande noite.

E então, na noite de sábado na semana anterior à cerimônia marcada, uma grande tempestade elétrica varreu o norte da Califórnia. Um emaranhado de raios encheu o céu a oeste, assustando milhões de pessoas, todas com o mesmo pensamento aterrorizante: fogo. No espaço de uma hora, mais de mil pontos de fogo atingiram a paisagem árida do final do verão, dando início a centenas de incêndios. Em poucos dias, a fumaça escureceu o sol e amarelou o céu, e na manhã de quarta-feira, Taloma enviou um longo e-mail cancelando a cerimônia.

"Estamos acordando para um novo dia", escreveu ela. "O Espírito falou alto com uma incrível tempestade de raios que provocou incêndios em todo o estado (...) Qualquer um que tenha tempo, espaço e energia para enviar orações a todos os que estão com medo e ansiedade neste momento, por sua segurança física, pelos animais e pela terra (...) agora mesmo (...) por favor, faça isso."

E foi isso. Eu sei que esta é uma forma vergonhosamente mesquinha de pensar sobre desastres naturais que destruíram tantas vidas e, a essa altura, incineraram milhares de casas e cerca de quatro milhões de acres de floresta, mas não pude deixar de sentir uma nova frustração. Embora Taloma tenha escrito que esperava reagendar nosso encontro em breve, agora que a temporada de incêndios estava chegando, a cerimônia poderia ser inviável até que chegassem as chuvas, quando realizá-la em segurança ao ar livre seria difícil, senão impossível. Eu precisava de um Plano C. Mas o que *era* um Plano C?

8. Dirigindo bêbado

ALGO MUDOU COM os incêndios. O acúmulo de desastres naturais estava cobrando seu preço, não apenas nas minhas plantas, mas agora, em mim. De alguma forma, consegui manter o bom humor nos primeiros seis meses da pandemia. Depois disso, a ameaça invisível foi reforçada por uma segunda ameaça que se podia ver e sentir: uma cinza fina caía do céu, cobrindo as folhas das plantas e carros e entrando em nossos corpos. A covid-19 tornara os espaços abertos os únicos espaços seguros, mas os incêndios estavam nos forçando a voltar para dentro de casa, a conferir compulsivamente os sites que avaliavam o grau de perigo de respirar. Nosso mundo, já reduzido pela pandemia, havia diminuído ainda mais.

Uma "bandeira vermelha" de alerta entrou em vigor. Isso significava que tínhamos que preparar uma "mala de fuga" no caso de uma ordem de evacuação, que poderia chegar a qualquer momento. Então enchemos uma pequena mala com itens essenciais, embora o que era de fato essencial mudasse toda vez que tentávamos responder a questão.

Muitos meses antes, quando embarquei no projeto deste livro, era sobretudo a curiosidade que me motivava. O que eu podia aprender ao traçar a história da mescalina, e tendo uma ou duas experiências com ela, sobre o cacto, sobre a religião indígena, sobre as possibilidades de consciência? Não embarquei nisso procurando ser "curado", seja lá o que isso signifique. Para Taloma, no entanto, esse era o objetivo de trabalhar com o Wachuma. Afinal, para que mais serve um remédio?

Quando ela me pediu pela primeira vez para formular uma prece em preparação para nossa cerimônia, pensei em algo que era mais acadêmico do que terapêutico: *o que Wachuma poderia me ensinar sobre minha mente?* Taloma não disse isso, mas percebi que ela ficou desapontada. Eu sabia que ela pensava (com razão) que eu vivia muito na minha cabeça, então revisei a oração para torná-la um pouco mais pessoal: eu queria —

tudo bem, orava para — estar menos na minha cabeça e mais no meu coração, ser mais presente às minhas emoções.

Essas palavras — na verdade, todo o vocabulário contemporâneo de cura — têm um gosto estranho em minha boca. Mas com a chegada dos incêndios perdi um pouco da energia mental e do ímpeto que, nos primeiros meses da pandemia, haviam me poupado do desgaste do desespero que agora eu começava a sentir. Comecei a me perguntar: será que Taloma está certa? Essa planta poderia nos ajudar a encontrar um caminho para atravessar as catástrofes em série deste ano terrível?

"Trauma" é uma palavra muito usada hoje em dia. Taloma falou sem parar sobre isso, como o trauma "se instala no corpo" e "bloqueia a energia" e que, se não for tratado ou reconhecido, pode infeccionar, levando a doenças físicas como o câncer, à medida que o desconforto vai se transformando em doença. Um trauma não reconhecido também pode levar a vícios, afirma-se com frequência, já que as pessoas procuram se "automedicar" com substâncias ou comportamentos compulsivos. Os curandeiros falam sobre como os remédios vegetais muitas vezes "trazem à tona traumas ocultos" para que eles possam ser "trabalhados". *Mas com que frequência?*, eu me perguntei. O trauma, por definição, não é um evento excepcional? Agora parecia que todo mundo sofria de algum trauma; as pessoas só não sabiam de qual.

Em meio à pandemia, aos incêndios e à sombria temporada política, comecei a pensar que meu ceticismo poderia não ser suportável. Eu tinha esbarrado com uma psicóloga citada no jornal explicando que o trauma não é necessariamente um evento distinto, dramático. O trauma na verdade, disse ela, é um sentimento de desamparo que temos quando somos atingidos por forças imprevisíveis e fora do nosso controle. Não é essa a nossa realidade agora? E então, numa imagem que não consigo esquecer, ela disse: "É como se estivéssemos infinitamente em um carro com um bêbado ao volante. Ninguém sabe quando a dor vai parar." Milhares de leitores devem se reconhecer nessa imagem, agarrados firmemente no banco de trás deste carro cambaleante. Sei que eu me reconheci.

Bem quando o e-mail de Taloma cancelando a cerimônia surgiu na minha caixa de entrada, eu estava tentando escrever uma nova oração, desta vez pedindo explicitamente por ajuda.

9. Plano C

"O Wachuma não vai te curar sozinho", disse Taloma. "Seu poder está em sua sutileza. Diferentemente da ayahuasca, que se apodera de você e te leva numa jornada, queira você ou não, este remédio não coloca nada dentro de você. Mas, quando é convidado a entrar, ele ajuda a revelar o que já está lá e dessa forma faz você participar de sua cura. Já vi milagres."

Estávamos sentados em torno de uma mesa num jardim, mantendo o distanciamento social adequado, enquanto Taloma me mostrava como cortar o cacto para fazer um pouco de chá de Wachuma. Depois que a cerimônia foi cancelada, perguntei se ela poderia me ensinar a cozinhar o Wachuma e ela concordou em me dar uma aula.

Taloma começou acendendo um maço de sálvia seca que tirou de uma bolsa; depois, começou a defumar a planta, as facas e nós mesmos com sua fumaça aromática. Há duas formas de cozinhar o cacto, e Taloma me mostrou ambas. O primeiro método, mais diligente, pede que a planta espinhosa seja cortada em pedaços de trinta centímetros com uma faca e que em seguida suas defesas sejam sistematicamente removidas. Primeiro os espinhos, cortando um pequeno buraco em torno de cada aréola e depois puxando-os para fora, tomando cuidado para retirar o mínimo de carne possível. Em seguida, você coloca o pedaço de cacto em pé e, com uma faca comprida, fatia cuidadosamente o comprimento de cada costela, separando-a do miolo branco amadeirado, que é descartado.

Depois de cortar as costelas triangulares longas em comprimentos mais fáceis de manusear, você remove a cutícula, a camada dura e semitransparente da pele que, juntamente com os espinhos, protege a polpa aquosa da planta de seu ambiente implacável. Essa era a parte mais trabalhosa: conseguir apoio suficiente na borda da cutícula, com uma faca ou a unha, para retirá-la devagar em tiras. Despojada de suas defesas, a carne do cacto é surpreendentemente macia e úmida, como um pepino macio. Tinha a amargura enrugada de todo alcaloide vegetal; pense em um chá que ficou tempo demais em imersão, só que mais desagradável.

Quando me sentei à mesa com Taloma em uma bela tarde de verão, aprendendo a fatiar e cortar a carne do cacto, o trabalho parecia muito com cozinhar na companhia de outras pessoas: agradável, desordenado e produtivo. A cena me fez pensar em chefs preparando vegetais para um caldo e, de certa forma, era exatamente isso o que estava acontecendo. O trabalho ocupava as mãos, mas não exigia atenção total, então conversamos — sobre os incêndios, outras receitas e Don Victor. O que o trabalho não parecia era infringir a lei. Se tive alguma preocupação naquela tarde, foi que provavelmente não estava preocupado o suficiente.

O segundo método que Taloma me mostrou para cozinhar o cacto era mais fácil e mais gratificante, embora funcione apenas com uma planta bastante jovem que ainda não tenha desenvolvido um núcleo lenhoso. Depois de remover os espinhos de um cacto de trinta centímetros de comprimento, você simplesmente o corta passando pelo centro, o mais fino possível. Isso produz dezenas de estrelas de seis pontas finas como papel, com suas brilhantes coroas verdes desbotando para o branco como a neve no centro.

Taloma empilhou essas estrelas em uma grande panela, cheia até quase a boca de água, e a colocou no fogo. Foi quando a cena de culinária doméstica deu lugar a algo mais cerimonial. Taloma acendeu seu ramo de sálvia e as cinzas caíam na panela com o cacto. Então se inclinou sobre a panela, olhando para as estrelas verdes brilhantes balançando na água transparente, orou, e, em espanhol, começou a cantar.

Antes de ir embora, Taloma ofereceu essas instruções: ferva a água da panela do cacto e cozinhe por três dias, mais ou menos, cuidando para não deixar que o nível da água na panela baixe mais do que alguns centímetros. Quando as estrelas forem da cor branca para translúcida, estão prontas. Deixe esfriar, então filtre a mistura com um pano fino, coloque a panela de volta no fogo e reduza o líquido pela metade. Coloque o chá em vidros hermeticamente fechados e armazene no refrigerador.

***

Quando finalmente me "encontrei" com Don Victor, o professor de Taloma, ele estava em Cuzco e eu em Berkeley. O Zoom não estava funcionando, então fomos para o WhatsApp, o que reduziu cada um de nós a uma postagem na tela do iPhone. Taloma serviu como interprete, uma tarefa desafiadora, uma vez que Victor fala em rajadas, indo e voltando de um mundo que compartilhamos (a vida sob a pandemia) a um que definitivamente não nos é comum. Essa segunda realidade tem sua própria cosmologia intricada, baseada nas frequências altas e baixas da vibração, outras dimensões de existência, vidas passadas e lugares sagrados, tudo o que parece estar localizado em algum lugar do Peru. Sinceramente, fiquei perdido boa parte do tempo, e quando não, sentia que tinha entrado num mundo sonhado por Gabriel García Márquez, com seu próprio conjunto sedutor de leis alternativas da física.

Para começar, perguntei a Don Victor como ele se intitula: curandeiro, xamã ou médico? "Não sou xamã, essa não é uma palavra andina. Não sou curandeiro porque não curo ninguém de nada." Ele se chamava de *chakaruna* — uma ponte humana para as pessoas cruzarem e chegarem ao local onde precisam estar. "Mas um nome é apenas um nome", e sugeriu que o tempo para nomes e categorias — de fato, para o pensamento racional de qualquer tipo — era passado.

"Nestes tempos as pessoas não precisam raciocinar ou fazer tantas perguntas. Não é a melhor maneira de entender a mente cósmica e a Mãe-Pai Terra, que se cansou tanto de suportar o grande e denso peso do pensamento humano, principalmente nos últimos dois mil anos." Ele considera que a pandemia é um sinal de que nos afastamos da Mãe-Pai Terra, que perdemos contato com "nossas irmãs e irmãos animais, plantas, minerais, bactérias e vírus."

"É por isso que esta pausa que chamamos de coronavírus é tão urgente. Não é um momento de analisar ou racionalizar ou entender. É o momento de recarregar e regenerar a energia absoluta da mente."

O homem ocupando o espaço da minha tela não era nem um pouco severo ou professoral, mas bastante alegre. Aos 71 anos, Don Victor tem um rosto redondo simpático e surpreendentemente sem rugas; usava óculos com cordinha que fazia uma curva um tanto engraçada em ambos os lados de sua cabeça e um boné de beisebol. Estava feliz em falar "sem amarras", o que parecia significar que ele responderia qualquer pergunta que eu fizesse de qualquer lugar do mundo (e alguns lugares mais distantes) para o qual ele quisesse ir.

Notei que, em geral, isso significava uma excursão extensa para longe, apesar de Don Victor sempre encontrar o caminho de volta para algo parecido com uma resposta. Quando perguntei como ele descobriu sua vocação, ele começou a me alertar que, "quando alguém faz uma pergunta, automaticamente tem nove respostas, e quando queremos saber qual resposta irá nos ajudar, então mais nove respostas aparecem".

A história de como ele encontrou sua vocação, por exemplo, começa quando Don Victor tinha 5 anos, vivia apenas com a mãe na cidade de Ayaviri, no sul do Peru. Todo dia, às quatro da manhã ele saía de casa e corria nove quilômetros por três montanhas, através de riachos e florestas, até a pequena vila aimará de Tinajani, onde chegava ao nascer do sol. Tinajani fica num cânion acidentado pontuado por uma intrincada formação rochosa vermelha chamada Tampu T'oqo repleta de cavernas consideradas sagradas. Victor passava a manhã brincando nessas cavernas, que ele descreve como "portais interdimensionais que contêm conhecimento da história da vida". Os incas enterram seus mortos em algumas dessas cavernas, e o jovem Victor conversava com eles, sem perceber que eram espíritos. Lá, conheceu um professor chamado Hatun Sonq'o ("Grande Coração"), que *acho*, mas não estou 100% certo, era uma pessoa de verdade. Todo dia "por três horas ele me passava ensinamentos, o que me permitiu abrir minhas lembranças de vidas anteriores e de todas as coisas sobre as quais posso falar sem limitações". Isso inclui o conhecimento de que o universo é composto de vibrações cósmicas, as frequências mais baixas associadas com raiva e violência e limitação, as altas com amor, paz e gratidão.

O que isso tem a ver com o Wachuma? Aos poucos, Don Victor ia encontrando o caminho de volta a uma resposta para a minha pergunta: ele trabalha com o Wachuma porque a planta tem o poder de aumentar a frequência de nossas vibrações.

Arriscando uma continuação, perguntei a Don Victor o que a mãe dele achava das suas aventuras na madrugada. "Minha mãe não sabia. Ninguém sabia. Quando chegava de volta à minha vila, sujo, com as roupas rasgadas, me despia e pulava na cisterna de água da vila para me limpar — até hoje posso sentir como a água era fria, porque era nas montanhas a 3.900 metros de altura! Quando saía, pingando de molhado, a vila inteira me via. Minha mãe ficava furiosa. Ela havia costurado um pedaço de couro de lhama com uma bolinha na ponta e me batia com isso. Mas nunca soube onde eu tinha estado."

Perguntei sobre o espírito do cacto e como ele cura as pessoas. "Ele me ensina o tempo todo. Tenho certeza de que uma vida não é suficiente para aprender tudo o que esta planta tem a nos transmitir." Don Victor disse que a própria planta é tão curandeira quanto ele; além disso, é uma professora. Temos três corpos, ele explicou, o físico, o mental e o espiritual — o que ele chamada de "trindade". (Don Victor chama cada um deles de *pacha* — "um mundo"). "A planta permite que esses três corpos, pouco a pouco, vibrem numa frequência maior até que sejam apenas luz, luz pura. É isso que iluminação quer dizer." Eu estava perdido a essa altura, mas talvez estivesse tudo bem: "A planta permite que você se desligue da mente. Não é algo que dê para entender mentalmente. Você precisa sentir no corpo físico."

Don Victor tem sua própria teoria sobre o trauma. "Quando qualquer parte do corpo foi afetada por energias destrutivas ou traumas, o coração se fecha para se proteger. Um coração fechado não se cura. Não expressa seus sentimentos. A mente se torna mais ativa porque o coração não sente mais. A mente vai para o passado ou para o futuro, que não existe de fato, e fica presa em um caos, entre lembrar o passado e tentar ir para um futuro inexistente. Assim, ela vai perder o presente da vida, que é viver e estar presente no momento. É por isso que, em espanhol, a palavra para o momento do agora é *presente*." O Wachuma encontra e desbloqueia as energias densas do trauma para que a mente possa se aquietar e o coração voltar a falar, devolvendo a nós a dádiva que é o agora.

Antes que nosso tempo acabasse, pedi a Don Victor seu conselho. Contei que tinha aprendido tudo que pude sobre a planta, como cultivá-la e como prepará-la, mas por causa dos incêndios e da pandemia, parecia improvável que pudesse participar de uma cerimônia, e estava frustrado.

"Duas sugestões para você", disse ele. "Há uma maneira de fazermos a cerimônia on-line. Eu poderia sentir suas vibrações e especificar uma dosagem apropriada. Este seria meu presente para você." Pelo visto ele havia feito cerimônias via Zoom algumas vezes com pessoas na Europa. A ideia parecia um pouco estranha, e percebi que Taloma parecia cética. É verdade que muito mais aspectos da vida do que podíamos imaginar haviam migrado para o Zoom: aulas, reuniões, o sêder da Páscoa Judaica, sessões de terapia, funerais, o *happy hour* e por aí em diante. Mas uma cerimônia médica? Considerei as implicações jurídicas — até que ponto o Zoom é seguro?

Perguntei a Don Victor qual era sua segunda sugestão.

"A outra é que você se conecte profundamente com o espírito da planta, converse com ela e a ouça em seu coração. Se você tiver uma intenção evidente e orar, a própria planta ensinará o quanto você precisa tomar e quando."

"Sozinho?" questionei, surpreso.

"*Sí*."

ALGUNS DIAS DEPOIS DE nossa conversa com Don Victor, Taloma, possivelmente assustada com as sugestões heréticas dele, acabou propondo uma maneira de organizarmos uma cerimônia. Podíamos encontrar um espaço fechado — uma sala de estar grande em algum lugar — e limitar o grupo a seis ou sete pessoas, de modo a manter o distanciamento social. Poderíamos todos ser testados um ou dois dias antes, e Taloma adaptaria certos aspectos do ritual para minimizar o risco de contágio: copos separados para beber, penas separadas para a defumação, tudo individual. E ela convidaria apenas pessoas superconscientes da covid-19. Parecia um plano razoável; Judith concordou. Marcamos a cerimônia para uma noite de sábado.

A sala de estar na qual nos reunimos era familiar para mim, um lugar onde eu tinha estado. O que explica minha surpresa quando Judith e eu chegamos na noite marcada: o espaço tinha sido completamente transformado, a mobília removida e substituída por um altar cheio de objetos estranhos e maravilhosos que preenchia o centro da sala. À primeira vista, parecia um mercado de camponeses em Cuzco, o chão coberto com tecidos em padrões coloridos e quatro grandes peles de animais — um urso, um veado, um bisão e um búfalo. No entanto, em uma inspeção mais detalhada notei que cada objeto havia sido cuidadosamente colocado em um dos quatro quadrantes, cada um correspondendo a um dos pontos cardeais e um dos quatro elementos.

Eis uma lista parcial de objetos que Taloma colocou no altar: frascos contendo areia roxa de Big Sur; gigantescas vagens de sementes do Peru; uma cabaça intrincadamente entalhada; uma tigela de água mineral de Esalen; uma pele de cobra; uma escultura de madeira de quatro avós fazendo uma roda em torno de uma vela acesa; um mármore gravado com os sete continentes flutuando na água; um bastão da fala feito com o miolo seco de um Wachuma; uma enorme espiga de milho multicolorida; fósseis; cristais; pelo menos uma dúzia de velas; uma flor Wachuma em plena floração; oito pedras em forma de coração; uma concha de abalone contendo um maço de folhas de sálvia secas; as penas de um condor e de uma coruja branca; uma coleção de conchas; a cabeça de uma águia; e, de modo um tanto incongruente, uma fotografia de Ruth Bader Ginsburg. Taloma convidou cada um a trazer um item para acrescentar ao altar. Levei uma pulseira preta de arame farpado falso que meu pai usava nos últimos anos de vida, o que não fazia muito sentido — era algo que a Anistia Internacional havia enviado a seus colaboradores.

Taloma vestia uma blusa branca cruzada por uma faixa peruana e um chapéu preto enfeitado com mais itens espirituais. Foi auxiliada por "Sam", um aprendiz esguio de trinta e poucos anos com cabelos pretos encaracolados e olhos azuis bem claros. Depois de nos sentarmos no chão ao redor do altar, Taloma deu início a uma longa explicação sobre o que aconteceria durante a noite — as três xícaras de Wachuma obrigatórias (mais uma quarta opcional), a cerimônia da água ao amanhecer e a opção de uma cerimônia de fumo durante a noite (falarei mais sobre isso em breve). Ela definiu algumas regras: não falar um com o outro durante a cerimônia; não sair do círculo antes do amanhecer, exceto para ir ao banheiro; nada de comida ou água até o amanhecer. Sam distribuiu baldes para usar caso "melhorássemos" — ou seja, ficássemos enjoados: as pessoas ocasionalmente vomitavam, explicou Taloma, uma purga que deveria ser considerada uma bênção. Taloma acendeu um maço de folhas de sálvia secas e, caminhando devagar entre nós, envolveu o altar e depois cada um de nós na fumaça perfumada. Ofereceu orações por nós e por nosso país e pelo mundo conturbados. Invocou o espírito do cacto para nos ensinar como nos curar e como, uma vez curados, poderíamos ajudar a curar os outros. "Somos os nossos melhores curandeiros", disse ela. O cacto vê dentro de nós, corpo, mente e espírito, revelando o que precisa de nossa atenção. Como o peiote, seu olhar é penetrante.

Devem ter se passado duas horas de preliminares antes que Taloma nos chamasse, um por um, para nossa primeira xícara de Wachuma. Quando minha vez chegou, Sam serviu cerca de 250 mililitros num copo e entregou para Taloma, que fez uma oração sobre o líquido antes de passá-lo para mim com as duas mãos. Eu deveria orar silenciosamente e depois beber o líquido marrom de uma só vez. O chá era tão amargo que fez meu corpo tremer. Sam então me deu um pouco de Água de Florida* para esfregar entre as mãos e, em seguida, levá-las ao rosto para inalar. Ele me instruiu a inspirar pelo nariz e expirar pela boca enquanto emitia um som — um padrão de respiração que seríamos encorajados a repetir durante toda a noite, produzindo no escuro uma variedade de sons estranhamente primitivos que ajudaram a formar a trilha sonora sobrenatural da cerimônia. Depois de todos termos bebido nossa primeira

---

* De acordo com o Google, Água de Florida é uma água com aroma de frutas cítricas usada pelos xamãs "para limpar energias densas em torno do campo energético do corpo" durante as cerimônias. Também tem álcool suficiente para servir de desinfetante de mãos durante uma pandemia. (N. do A.)

xícara, Taloma começou a cantar uma canção sobre um colibri, com uma voz adorável e fascinante.

Seria uma noite longa e estranha, de muitos elementos e episódios. Para mim, toda a experiência foi ao mesmo tempo mais e menos poderosa do que eu esperava. Menos poderosa porque achei o remédio levíssimo — não tomou conta da minha mente da maneira que a mescalina pura tinha feito, mesmo depois de eu ter ingerido quatro xícaras. Não houve visões. O que ele fez foi soltar todas as cordas que me ancoravam no espaço e no tempo, me liberando para flutuar sem destino nas correntes da noite. Mas essas correntes eram colocadas em movimento menos pelos meus próprios pensamentos e emoções do que pelo que acontecia na sala: as vibrações do canto de Taloma e a flauta doce de Sam; as batidas assustadoras das asas de uma coruja em torno da minha cabeça; a luz bruxuleante de velas no teto curvo; e, sobretudo, o registro emocional inconstante das exalações audíveis, que constituíam nossa única conexão um com o outro no escuro. Esses sons, que pareciam emanar de algum lugar dentro de nós, foram por vezes queixosos, doloridos, assombrados, purificados. Somados, o efeito desses sons foi transportador, promovendo um estado mental que me ajudou a compreender melhor o poder das cerimônias de remédio, como a química e o ritual compartilhado trabalham juntos para criar um espaço aberto a novas possibilidades. Além disso, também me mostrou como dentro desse espaço o grupo se torna uma espécie de organismo vivo, que respira, algo maior do que a soma dos indivíduos presentes. Eu podia ver (sentir) como o remédio suaviza os contornos do eu e do mundo de uma forma que amplifica o poder do ritual, que nos tira do tempo normal e nos permite suspender a descrença.

O que não era pouca coisa. Pois quem éramos nós, senão um bando de gringos, a maioria de nós ocidentais brancos fazendo o possível para encenar uma cerimônia ancestral importada dos Andes. Éramos culpados de apropriação cultural? Pode-se dizer que sim. Mas esses pensamentos são o desencanto sóbrio do dia; pensamentos que, durante aquela noite encantada, foram banidos junto com tantas outras coisas de nossa realidade atual. Crédito ao Wachuma por ajudar a tecer esse feitiço, por tornar tal cerimônia ainda plausível, mas crédito também a Taloma, que desempenhou seu papel com absoluta convicção. Ela se tornou para nós a portadora do remédio, a guardiã da sabedoria ancestral, a *Wachumara*, suas palavras canalizando algo muito além da pessoa que eu tinha conhecido. Taloma estava em seu habitat e era impressionante.

Minha experiência não foi nada do que eu havia esperado. Outros tiveram reações mais poderosas ao remédio, e as experiências deles acabaram colorindo as minhas, me tirando da primeira pessoa e, por mais estranho que isso possa soar, me colocando em terceira pessoa durante grande parte da noite. Em retrospecto, fora de mim eu estava exatamente onde precisava estar, propondo um caminho possível para sair dos limites deste ano sombrio.

Logo depois de bebermos nossa primeira xícara, comecei a ouvir Judith, do outro lado da sala, chorando baixinho. Taloma foi trabalhar com ela e pude ouvi-las sussurrando intensamente. Algo havia surgido para Judith, algo com o qual ela havia lutado em uma sessão anterior, com outro remédio. Eu tinha uma ideia do que era. Seu falecido pai apareceu para ela, um homem a quem ela amava profundamente, mas que durante a maior parte de sua vida carregou um pesado fardo de decepção e medo; ele ficou órfão quando adolescente e lutou com seus vários demônios até bem tarde na vida, quando de repente se tornou doce e pareceu encontrar contentamento. (Alguns anos antes de sua morte, Judith lhe perguntou como ele poderia explicar a mudança. Ele deu de ombros e disse: "Eu não tinha mais tempo para toda essa merda, então abstraí.") Judith se identificou intimamente com o pai e, do modo com que havia entendido, sentia-se na obrigação de carregar um pouco de sua dor. Durante a viagem anterior, ela foi para o submundo e lá encontrou o pai, que lhe disse que ela não precisava mais carregar um fardo que era dele. Ele a libertou.

Mas Judith não estava conseguindo aceitar esse presente, e, com dificuldade, era isso que eu ouvia ela sussurrar para Taloma. A mãe dela, ainda viva, não permitia que Judith abandonasse nada do tal peso que vinha carregando. Judith estava relutante em renunciar a ele: agora, o peso da herança do pai era parte de quem ela era, integral para sua identidade e seu papel na constelação da família. O que permaneceria se ela abandonasse isso? Era um temor que Judith tinha medo demais de abrir mão.

Eu ouvia Taloma incentivando Judith a ir em frente, a renunciar a sua herança. "É escolha sua. Fazemos o mundo com nossas palavras. Diga. Diga as palavras imediatamente." Mas Judith, chorando ainda mais alto, não conseguia falar. Era doloroso de ouvir — ou melhor, de *não* ouvir. Eu me senti impotente, incapaz de oferecer qualquer palavra ou toque de conforto. Judith deve ter lido minha mente, porque a ouvi sussurrar para mim do outro lado da sala: "Preciso fazer isso sozinha." Qualquer efeito que o remédio tinha causado em mim até aquele momento desapareceu.

Taloma ofereceu a Judith uma cerimônia do tabaco, algo que eu conhecia, tendo passado por uma semanas antes quando estava conhecendo Taloma. Desculpe por apresentar outro remédio vegetal neste momento de nossa história, mas é comum em cerimônias indígenas que curandeiros usem mais de uma. Fiquei surpreso em ler que muitos xamãs consideram o tabaco o mais poderoso de todos os remédios vegetais, e ele figura com destaque em cerimônias de muitas tradições, incluindo as reuniões de peiote dos nativos norte-americanos. Os ocidentais hoje têm muitas atitudes negativas em relação ao tabaco, considerando a planta irremediavelmente má, mas, como Taloma explicou, isso é apenas porque as pessoas brancas abusaram dessa planta sagrada e a exploraram quando chegaram nas Américas, transformando um remédio sagrado em um hábito letal e viciante.

O tabaco é usado em cerimônias indígenas de algumas formas diferentes, mas, de modo geral, ele é um meio de eliminar energias más ou destrutivas. Na versão de Taloma, o recipiente fica parado diante dela e fecha uma narina enquanto ela faz uma breve oração que termina com as palavras "corpo, mente e espírito". Na palavra "espírito", você inala profundamente enquanto Taloma, usando uma seringa, espirra suco de tabaco bem fundo em sua cavidade sinusal. Uma onda de fogo corre pelo topo do crânio, da frente para trás, e depois desce pela espinha. É uma sensação de abraço. Taloma encoraja o recipiente a bater os pés, sacudir os braços, mover a cintura, vocalizar sem constrangimentos e deixar extravasar qualquer emoção que esteja segurando. Depois que a tempestade diminui, a mente se sente limpa e, pelo menos por um momento, cristalina e maravilhosamente calma.

Só depois que todos tínhamos tomado nossa terceira xícara de Wachuma Judith pediu o tabaco para Taloma. Judith em geral é uma pessoa discretíssima, por isso fazer algo assim em um grupo exigiu coragem. Eu tinha uma dica para dar a ela, mas me senti contido pela regra de Taloma de não conversar. Esperei até que Taloma saísse da sala para preparar o remédio e então sussurrei para Judith: "O que quer que você faça, não engula!" Eu tinha deixado parte do suco de tabaco escorrer pelo fundo da garganta e passado uma noite péssima, com a sensação de ter engolido o conteúdo de um cinzeiro usado.

A cerimônia de tabaco não foi fácil de assistir. Agora que estava completamente sóbrio, minhas orações se voltaram para Judith, assim como os pensamentos de todo mundo na sala. Ela parecia inconsciente de si; eu me perguntei se nossas energias coletivas a tinham animado. Assistimos de nossos respectivos cantos da sala enquanto, com a palavra "espírito", o remédio percorria seu corpo, assumindo o controle de seus braços, pernas e cordas vocais, todos indefesos diante de sua força. Sons guturais profundos de animais emergiram de sua garganta enquanto seu corpo, aparentemente possuído, se lançava em uma espécie de dança espasmódica. Sam cantou uma música sobre um condor, estrofe após estrofe, enquanto Taloma se movia no ritmo do balanço de Judith, trabalhando com as mãos sobre seu corpo (lá se foi o distanciamento social) e arrancando ritualisticamente nós de carma ruim de sua barriga, pescoço e topo da sua cabeça.

A cerimônia toda durou apenas alguns minutos e, quando a tempestade diminuiu, Judith parecia ter se acalmado. Ela me disse mais tarde que se sentiu bem, esvaziada e limpa. Algo havia mudado nela; era preciso esperar para ver se a mudança duraria.

Senti como se tivéssemos testemunhado uma espécie de cura pela fé e isso me ajudou a compreender o poder de fazer esse tipo de trabalho em grupo. Pois, além do remédio e dos rituais, havia as energias reunidas de outras pessoas, todas voltadas para um indivíduo, um resultado. Também tínhamos testemunhado como, depois de três xícaras, o Wachuma conseguia relaxar nossas defesas mentais e físicas (em geral, Judith não consegue tolerar nem uma massagem!), amenizando o controle das rígidas narrativas que contamos a nós mesmos sobre quem somos e temos que ser. Com a ajuda do remédio, Judith colocou à disposição algo supostamente central e inabalável sobre si mesma. Embora não houvesse garantia de que isso aconteceria, criou-se um espaço no qual uma nova história poderia começar a se delinear.

Depois de todo o drama, eu estava ansioso para voltar aos meus devaneios, então pedi a quarta xícara discricionária. Quando cheguei ao altar de Taloma, ela fez algumas perguntas para avaliar meu estado de espírito e concordou que eu deveria tomar mais. Ela decidiu potencializar essa xícara adicionando uma colher grande de Wachuma em pó do Peru. O acréscimo engrossou a mistura, tornando-a ainda mais difícil de engolir, mas fiquei grato pela velocidade com que me devolveu à minha jornada interior, levando-me mais longe e mais fundo do que antes.

Passei o restante da noite sendo levado por águas mornas de pensamento e sentimento, no tipo de meditação agradavelmente flutuante que muitas vezes se segue ao clímax de uma experiência psicodélica, embora o clímax não tivesse sido meu. Visitei pessoas da minha vida, tanto vivas quanto já falecidas. Algumas questões complicadas que eu planejava trabalhar não pareciam mais complicadas; elas passaram para o meu campo de consciência e depois sumiram, não exatamente resolvidas, mas liberadas. A certa altura, me perguntei por que não estava tendo uma crise emocional ou espiritual, se minhas defesas eram muito fortes para serem violadas pelo remédio ou se simplesmente não havia tanta coisa acontecendo em meu inconsciente quanto eu gostaria de acreditar.

Por fim, voltei minha atenção para os exercícios que Taloma tinha sugerido que trabalhássemos — os "três níveis de perdão" e a prática da gratidão —, dos quais Don Victor também tinha falado. Segundo Taloma, ao pedir perdão pela dor que causamos aos outros, "cortamos nossa ligação com as energias discordantes ou destrutivas que nos conectam a outras pessoas no passado". Em seguida, oferecemos perdão àqueles que nos fizeram sofrer. Convoquei meu pai, Judith, meu filho, irmãs e alguns amigos, e pedi e ofereci essas palavras. De fato, o remédio atenua os laços do passado, tornando mais fácil se livrar dos arrependimentos. E, então, perdoamos a nós mesmos.

O que se segue ao perdão é a gratidão, que senti irromper em mim em uma onda de lágrimas calorosas; gratidão pela dádiva de ter aquelas pessoas em minha vida, por ter a vida que tenho e os anos dela que restarem, e por ter sido apresentado a uma planta com o poder de convocar essas lágrimas e me ajudar a enxergar, mesmo em uma época desoladora e sombria de perdas, o quanto eu deveria ser grato. O desespero não parecia mais uma opção.

(Como essas palavras devem soar melosas! Posso só imaginar. Receio que a futilidade seja um risco inevitável de se trabalhar com psicodélicos; eles são professores profundos do óbvio. Mas, às vezes, é exatamente dessas lições que precisamos.)

Estava ainda navegando por essas correntes calorosas de emoção quando Taloma começou a encerrar a cerimônia com uma oração da água. Não tínhamos tomado água a noite toda, e a perspectiva de beber um pouco era maravilhosa. Mas primeiro a cerimônia. Taloma acendeu um maço grosso de tabaco, soprou um pouco de fumaça sobre a jarra de água e ofereceu uma prece longa e queixosa de "gratidão pela água sagrada" que se movia em círculos cada vez maiores na pureza da água vivificante que ela coletou das nascentes em Esalen até a contaminação dos rios e mares da terra pelo descuido e ganância da humanidade, às profanações ainda maiores da natureza em nosso tempo, a corrupção de nosso país e a proximidade dos espectros do vírus e dos incêndios. A pandemia e a grande pausa que ela havia imposto ao mundo eram a oportunidade, Taloma orava fervorosamente, para que nós, como humanidade, despertássemos para o que havíamos feito à terra e mudássemos a maneira como vivemos nela. Ela nos lembrou que o *lockdown* havia mostrado quão depressa a natureza poderia se curar se tivesse a oportunidade. "Mas a hora é *agora*", disse ela, sua voz falhando sob a pressão de uma urgência que ela parecia canalizar das profundezas da própria terra. Poderia aquela ser a nossa última chance?

A oração da água me pegou de surpresa. Sem avisar, Taloma nos tirou de nossos devaneios noturnos e nos trouxe de volta à luz do presente histórico, lembrando-nos dos perigos que esperavam fora do espaço e do tempo que tivemos o privilégio de compartilhar durante aquela noite. Aquele que tinha sido um tempo fora do tempo, uma breve e abençoada trégua dos incêndios e da covid-19, agora tinha acabado. O que veio a seguir? Taloma falou sobre as ondulações na água e quão longe elas podiam viajar. Ela orou para que nos tornássemos ondas de cura, saindo daquela sala para consertar o mundo antes que fosse tarde demais. Para sentir a força bruta de suas palavras, provavelmente você teria que estar lá, ter tido o coração aberto pela planta, e elas eram tão devastadoras quanto lindas.

À medida que a primeira luz suave do novo dia penetrava na sala, bebemos avidamente a água pura e agradecemos por ela.

O último ato da cerimônia foi a passagem do bastão da fala, uma oportunidade para cada um de nós compartilhar o que tinha acontecido durante a noite e tentar dar algum sentido a isso. Fiquei impressionado com a força com que a experiência de Judith havia influenciado a de todos os demais, sobretudo em como ela trouxe os espíritos de nossos pais para o espaço que compartilhamos; as mães ocupavam um lugar de destaque nos relatos oferecidos por vários de nós. Nossas psiques separadas não se fundiram, de forma alguma, mas se sobrepuseram, e quanto tempo se passou desde que algo assim aconteceu?

Quando Judith pegou o bastão, timidamente se desculpou por "todo o drama da noite passada". E pronunciou as palavras que não tinha sido capaz de dizer antes, que estava pronta para abandonar o fardo de seu pai. Mas disse isso no tempo futuro. Quando Taloma chamou a atenção para isso em seu discurso e a lembrou de que "o futuro não existe", Judith repetiu as palavras, agora no tempo presente, e sorriu.

Antes que todos se dispersassem para voltar às suas vidas, tiramos uma *selfie* do grupo, nos apertando para caber na imagem como se num sonho em que a pandemia havia acabado. Na foto, todos parecemos esfarrapados e exaustos, mas também leves e conectados uns aos outros de uma maneira que não estávamos doze horas antes. Era como se tivéssemos descido um rio juntos numa jangada, sofrido um tipo de provação indescritível e emergido dela transformados, de uma forma que Taloma disse que levaria dias ou semanas para que reconhecêssemos. "O espírito da planta permanecerá em você por vários dias, talvez mais", disse ela. "Procure por isso." Depois de guardar todo o altar, devolvendo os objetos sagrados a seus sacos de tecido e caixas de madeira, Taloma entregou a Judith a flor Wachuma, desbotada agora, mas ainda linda.

Agradecimentos

AGRADECER A TODOS QUE contribuíram de uma maneira ou outra para a pesquisa, escrita e publicação de *Sob efeito de plantas* significa voltar mais de 25 anos. Foi quando meu amigo e editor na *Harper's Magazine*, Paul Tough, me enviou um exemplar de *Opium for the Masses*, o livro de uma editora pequena que deu início à minha breve carreira como cultivador de ópio e inspirou a versão original do capítulo deste livro sobre essa planta. Também tenho uma grande dívida de gratidão com o editor da *Harper's Magazine*, na época e agora, John R. "Rick" MacArthur. Rick foi além do que qualquer editor normal faria para tornar possível (e segura) a publicação daquele artigo; obrigado, também, a Lewis Lapham, o editor da *Harper's Magazine* na época, por encomendá-lo e por apoiar meus primeiros esforços para escrever sobre os acontecimentos do meu jardim. Victor Kovner, o advogado que venerava a Primeira Emenda, desempenhou papel fundamental em ajudar o texto a ver a luz do dia. O mesmo fez meu cunhado, o grande advogado Mitchell Stern, que me ajudou a enxergar com nitidez e a manter a calma durante todo o calvário. E, mesmo que eu não tenha seguido sua orientação, sou grato ao advogado criminal David Atkins por seu conselho e cuidado.

Uma versão anterior e mais curta do capítulo sobre cafeína apareceu pela primeira vez como audiolivro publicado pela Audible em 2020. Sou grato à equipe da Audible, mas particularmente a Doug Stumpf por considerar a ideia promissora o suficiente para ser encomendada, e a Susan Banta por sua checagem escrupulosa de fatos e revisão do manuscrito. Adicionei uma quantidade considerável de material novo a respeito do chá, um assunto sobre o qual aprendi muito ao longo dos anos com Sebastian Beckwith, proprietário do In Pursuit of Tea. David Hoffman, o pioneiro caçador, importador e colecionador de chá, também foi generoso com sua paixão e conhecimento ilimitado, além de uma degustação memorável. Agradeço a meu amigo e colega Peter Sacks, por me lembrar do papel da cafeína em *The Rape of the Lock*, e a Raj Patel por me indicar leituras sobre a economia política do chá e do café que eu jamais teria encontrado sozinho.

As dívidas que contraí ao falar da mescalina são numerosas. No início, Adele Getty e Michael Williams, da Limina Foundation, me ensinaram muito sobre a substância, visto que ela tem sido usada em contextos indígenas e ocidentais. Agradeço ao amigo Cody Swift, fundador da Iniciativa de Conservação do Peiote Indígena, e sua colega Miriam Volat, por me transmitir conhecimento sobre a ameaça ao cacto peiote e por me apresentar a vários membros da Igreja Nativa Americana citados na narrativa. O trabalho da IPCI na conservação do peiote para os nativos norte-americanos é urgente e merece nosso apoio (ipci.life). Jerry Patchen, advogado que luta desde a década de 1990 pelo direito dos nativos norte-americanos de usar o peiote, forneceu informações valiosas, bem como alguns documentos históricos esclarecedores. Adrian Jawort leu o capítulo com cuidado, trazendo o olhar de um nativo norte-americanos para o meu relato sobre o peiotismo. Sou grato a Nick Cozzi e Dave Nichols por me ensinarem sobre a química e a farmacologia da mescalina. Keeper Trout e Tania Manning me deram aulas sobre a espantosa botânica dos cactos agrupados sob a rubrica São Pedro; Martin Terry fez o mesmo com a botânica do peiote. Tenho uma dívida para com Michael Zeigler, um dos sábios desta comunidade, por suas longas perspectivas e generosidade hortícola. Bob Hass me ajudou a entender a consciência do haicai que a mescalina fomenta em minha mente, se não em nenhum outro lugar. E obrigado a Bob Jesse, Joe Green, Mike Jay, Bia Labate, Françoise Bourzat, Tom Pinkson, Dawn Hofberg e Erika Gagnon por aprofundar meu conhecimento sobre este remédio vegetal e sua história. Finalmente, sempre me sinto melhor publicando algo depois que Bridget Huber passou seu pente fino no texto, e durmo muito melhor depois que meu velho amigo Howard Sobel e seu colega Rob Ellison, da Latham & Watkins, leram-no com um olhar jurídico aguçado; obrigado, Howard e Rob.

    Como sempre, sou grato à primeira e única editora de livros com quem já trabalhei, Ann Godoff, por seu entusiasmo e orientação firme neste projeto, assim como à primeira e única agente literária que tive, Amanda Urban. Cada nova reviravolta no mercado editorial serve para me lembrar como fui muito afortunado por ter essas duas mulheres sábias a meu lado durante toda a minha carreira. Suas respectivas equipes são as melhores do mercado. Agradecimentos especiais a Sarah Hutson, Casey Denis, Sam Mitchell, Darren Haggar, Karen Mayer, Danielle Plafsky, John Jusino e Diane McKiernan, da Penguin Press; no ICM, Jennifer Simpson, Sam Fox, Rory Walsh e Ron Bernstein; e, na Curtis Brown em Londres, Daisy Meyrick e Charlie Tooke. E um agradecimento a Simon Winder da Penguin UK por sua edição afiada, anos de apoio e lembretes salutares de que nem todos os leitores são norte-americanos. É um privilégio e um prazer trabalhar com todos vocês.

Há uma terceira mulher sábia que teve papel fundamental em todos os meus livros, tanto nos bastidores e, desta vez, *em* muitas cenas, e esta é, óbvio, Judith Belzer, minha esposa e parceira de vida. Obrigado por me ouvir, pelos conselhos soberbos, pela edição hábil, pelas sessões de integração e por sua vontade de embarcar nesta viagem e compartilhar sua experiência: você tem sido mais generosa do que eu poderia razoavelmente esperar. Obrigado também, Isaac Pollan, por seu contínuo interesse e apoio nas aventuras jornalísticas de seu pai; sempre aproveito nossas conversas sobre o trabalho, sem falar nos bons conselhos sobre a melhor maneira de preparar café. Sou infinitamente grato a meus amigos escritores, pela conversa e pelo conselho: Mark Edmundson, Mark Danner, Gerry Marzorati, Jack Hitt e Dacher Keltner, todos queridos amigos. Seja na trilha ou pelo telefone, vocês tornam o trabalho que fazemos muito menos solitário.

E por último, mas não menos importante em minha gratidão, uma vez que eles vagam por todo o empreendimento, estão os leitores. Alguns de vocês estão comigo desde 1991, quando publiquei *Second Nature*. Eu me sinto sortudo por ter encontrado uma comunidade de leitores dispostos a vir comigo nesta jornada improvável e sinuosa, do jardim à fazenda e à cozinha e depois à mente, e, agora, de volta ao ponto de partida, com as plantas das quais somos dependentes e os desejos humanos com os quais elas jogam tão habilmente. Obrigado por sua mente aberta, curiosidade, generosidade e, sobretudo, por todas as cartas, e-mails, postagens e tuítes; aprendo facilmente tanto com vocês quanto vocês comigo. Considero um privilégio cada vez que vocês me concedem algumas horas de seu tempo e atenção.

Bibliografia selecionada

ÓPIO

Baum, Dan. "Legalize It All". *Harper's Magazine*, abril de 2016.

———. *Smoke and Mirrors*: The War on Drugs and the Politics of Failure. Nova York: Little Brown, 1996.

Booth, Martin. *Opium*: A History. Nova York: Thomas Dunne Books, 1998.

De Quincey, Thomas. *Confessions of an English Opium-Eater*. Norwalk, CT: Easton Press, 1978.

Halpern, John H., MD, e David Blistein. *Opium*: How an Ancient Flower Shaped and Poisoned Our World. Nova York: Hachette, 2019.

Hogshire, Jim. *Opium for the Masses*: Harvesting Nature's Best Pain Medication. Port Townsend, WA: Loompanics Unlimited, 1994.

Keefe, Patrick Radden. "The Family That Built an Empire of Pain". *The New Yorker*, 23 de outubro de 2017.

Lenson, David. *On Drugs*. Minneapolis: University of Minnesota Press, 1995.

Macy, Beth. *Dopesick*: Dealers, Doctors and the Drug Company That Addicted America. Nova York: Back Bay Books, 2019.

Nutt, David. *Drugs Without the Hot Air*: Minimising the Harms of Legal and Illegal Drugs. Cambridge, Reino Unido: UIT Cambridge, 2012.

Pendell, Dale. *Pharmako/Poeia*: Power Plants, Poisons, and Herbcraft. Berkeley: North Atlantic Books, 2010.

CAFEÍNA

Allen, Stewart Lee. *The Devil's Cup*: A History of the World According to Coffee. Nova York: Soho Press, 1999.

Balzac, Honoré de. *Treatise on Modern Stimulants*. Traduzido por Kassy Hayden. Cambridge, MA: Wakefield Press, 2018.

Braudel, Fernand. *The Structures of Everyday Life*, Vol. 1. Nova York: Harper and Row, 1981.

Carpenter, Murray. *Caffeinated*: How Our Daily Habit Helps, Hurts, and Hooks Us. Nova York: Plume, 2015. Couvillon, Margaret J., et al. "Caffeinated Forage Tricks Honeybees into Increasing Foraging and Recruitment Behaviors." Current Biology 25, nº 21 (2 nov. 2015): p. 2815-18. DOI: 10.1016 / j.cub.2015.08.052.

Ekirch, A. Roger. *At Day's Close*: Night in Times Past. Nova York: W. W. Norton, 2005.

Grosso, Guissepe, et al. "Coffee, Caffeine and Health Outcomes: An Umbrella Review." Annual Review of Nutrition 37 (2017): p. 131-56.

Halprin, Mark. *Memoir from Antproof Case*. Nova York: Harcourt, Brace, 1995.

Hobhouse, Henry. *Seeds of Change*: Six Plants That Transformed Mankind. Berkeley: Counterpoint, 2005.

Hohenegger, Beatrice. *Liquid Jade*: The Story of Tea from East to West. Nova York: St. Matin's Press, 2006.

Houtman, Jasper. *The Coffee Visionary*: The Life and Legacy of Alfred Peet. Mountain View, CA: Roundtree Press, 2018.

Juliano, Laura M., Sergi Ferré e Roland R. Griffiths, "The Pharmacology of Caffeine." *The ASAM Principles of Addiction Medicine: Fifth Edition*. Wolters Kluwer Health Adis (ESP), 2014.

Kretschmar, Josef A. e Thomas W. Baumann. "Caffeine in Citrus Flowers." Phytochemistry 52, nº 1 (set. 1999): p. 19-23. DOI: 10.1016 / S0031-9422(99)00119-3.

Kummer, Corby. *The Joy of Coffee*. Boston: Houghton Mifflin, 1995.

Milham, Willis I. *Time and Timekeepers*: Including the History, Construction, Care, and Accuracy of Clocks and Watches. Nova York: Macmillan, 1923.

Mintz, Sidney W. *Sweetness and Power*: The Place of Sugar in Modern History. Nova York: Penguin, 1985.

Morris, Jonathan. *Coffee*: A Global History. Londres: Reaktion Books, 2019.

Pendell, Dale. *Pharmako/Dynamis*: Stimulating Plants, Potions, and Herbcraft. São Francisco: Mercury House, 2002.

Pendergrast, Mark. *Uncommon Grounds*: The History of Coffee and How It Changed Our World. Nova York: Basic Books, 1999.

Reich, Anna. "Coffee and Tea: History in a Cup." *The Herbarist Archives* 76 (2010).

Reid, T. R. "Caffeine — What's the Buzz?" *National Geographic Magazine*. Jan. 2005.

Saberi, Helen. *Tea*: A Global History. Londres: Reaktion Books, 2010.

Schivelbusch, Wolfgang. *Tastes of Paradise*: A Social History of Spices, Stimulants, and Intoxicants. Traduzido para o inglês por David Jacobson. Nova York: Pantheon Books, 1992.

Sedgewick, Augustine. *Coffeeland*: One Man's Dark Empire and the Making of Our Favorite Drug. Nova York: Penguin Press, 2020.

Spiller, Gene A. (org.). *Caffeine*. Boca Raton, FL: CRC Press, 1998.

Standage, Tom. *A History of the World in 6 Glasses*. Nova York: Bloomsbury, 2005.

Ukers, William H. *All About Coffee*. Nova York: The Tea and Coffee Trade Journal Company, 1922.

Van Driem, George. *The Tale of Tea*: A Comprehensive History of Tea from Prehistoric Times to the Present Day. Leiden, NL: Brill, 2019.

Walker, Matthew. *Por que nós dormimos*: A nova ciência do sono e do sonho. Rio de Janeiro: Intrínseca, 2018.

Weinberg, Alan e Bonnie K. Bealer. *The World of Caffeine*: The Science and Culture of the World's Most Popular Drug. Abingdon, Reino Unido: Routledge, 2001.

Wright, G. A., *et al*. "Caffeine in Floral Nectar Enhances a Pollinator's Memory of Reward." *Science* 339, n° 6124 (8 mar. 2013): p. 1202-4. DOI: 10.1126/science.1228806.

MESCALINA

Artaud, Antonin. *Antonin Artaud*: Selected Writings. Organizado por Susan Sontag e traduzido para o inglês por Helen Weaver. Nova York: Farrar, Straus and Giroux, 1976.

Bourzat, Françoise e Kristina Hunter. *Consciousness Medicine*: Indigenous Wisdom, Entheogens, and Expanded States of Consciousness for Healing and Growth: A Practitioner's Guide. Berkeley: North Atlantic Books, 2019.

Brown, Dee. *Enterrem meu coração na curva do rio*: A dramática história dos índios norte-americanos. Porto Alegre: L&PM, 2021.

Calabrese, Joseph D. *A Different Medicine*: Postcolonial Healing in the Native American Church. Nova York: Oxford University Press, 2013.

Gwynne, S. C. *Empire of the Summer Moon*: Quanah Parker and the Rise and Fall of the Comanches, the Most Powerful Indian Tribe in American History. Nova York: Scribner, 2011.

Hass, Robert (org.) *The Essential Haiku*: Versions of Basho, Buson, and Issa. Nova York: Ecco Press, 1995.

Huxley, Aldous. *As portas da percepção*. Rio de Janeiro: Biblioteca Azul, 2015.

Jay, Mike. *Mescaline*: A Global History of the First Psychedelic. New Haven: Yale University Press, 2021.

Jesse, Bob. *On Nomenclature for the Class of Mescaline-Like Substances and Why It Matters*. São Francisco: Council on Spiritual Practices, 2000.

Keeper Trout and Friends (org.). *Trout's Notes on San Pedro and Related Trichocereus Species*: A Guide to Assist in Their Visual Recognition; with Notes on Botany, Chemistry, and History. Austin, TX: Mydriatic Productions/Better Days Publishing, 2005.

LaBarre, Weston. *The Peyote Cult*. Norman: University of Oklahoma Press, 1989.

Lame Dog. *Seeker of Visions*. Nova York: New York University Press, 1976.

Maroukis, Thomas C. *Peyote Road*: Religious Freedom and the Native American Church. Norman: University of Oklahoma Press, 2012.

Pendell, Dale. *Pharmako/Gnosis*: Plant Teachers and the Poison Path. Berkeley: North Atlantic Books, 2010.

Pinkson, Tom Soloway. *The Shamanic Wisdom of the Huichol*: Medicine Teachings for Modern Times. Rochester, VT: Destiny Books, 2010.

Shulgin, Alexander T. e Ann Shulgin. *PiHKAL*: A Chemical Love Story. Berkeley: Transform Press, 1991.

Smith, Huston e Reuben Snake. *One Nation Under God*: The Triumph of the Native American Church. Santa Fe, NM: Clear Light Publishers, 1996.

Stewart, Omer C. *Peyote Religion*: A History. Norman: University of Oklahoma Press, 1993.

Swan, Daniel C. *Peyote Religious Art*: Symbols of Faith and Belief. Jackson: University Press of Mississippi, 1999.

Índice

abelhas, 17, 125-128, 179
Abolição do Trabalho e Outros Ensaios, A (Black), 56
Acevedo, Humberto, 186-189
Acevedo, Octavio, 186
ACLU, 237
Acordo Internacional do Café, 173
açúcar, 152, 154, 156, 171
adenosina, 162-163, 169
adrenalina, 163
África, 129, 130, 171
Agência de Assuntos Indígenas, 236
Agricultura, Departamento de, 70, 88
Água de Florida, 286
água, 293-294
Agustín, Don, 271
Aids/HIV, epidemia, 29
alcaloides, 16, 106, 125, 179
   como defesa contra pragas, 16, 99, 211
   mescalina, 16, 211
   papoula, 16, 32, 41, 68, 88, 97, 99, 102
álcool, 105, 127, 130, 138
   Alcoólicos Anônimos, 257
   Americanos e, 235, 253, 254, 255
   cafeína e, 127, 128, 149-150
   campanhas de temperança e, 102, 137, 149
   cerveja, 105, 138, 150
   consumo ao longo do dia todo de, 149
   Lei Seca, 105-107
   peiote e, 235, 236
   sidra, 104-107
   sono e, 168
   trabalho e, 149, 150
   vinho, 105, 138, 146, 177
Alcorão, 131
Alucinógenos, 13, 39
   Ver também psicodélicos
AMA (Associação Médica Americana), 37
analgésicos, 13, 15, 16, 31, 103
   chá de papoula, 42, 99, 100
   opioides como, 17, 30, 44
Anistia Internacional, 285
antioxidantes, 164
aranhas, 124
arroz, 123
Artaud, Antonin, 205
Arthur, Chester, 46
aspirina, 69, 198
Associação Americana da Indústria de Flores Secas e, 71, 74, 82

Associação Americana de Comércio de Sementes (ASTA), 83, 84
Associação de Cultivadores de Flores de Corte Especial, 80
Associação Médica Americana (AMA), 37
ASTA (Associação Americana de Comércio de Sementes), 83, 84
ayahuasca, 21, 129, 202, 207, 243, 262, 270

Balzac, Honoré de, 139-141, 147
Barcalo Manufacturing Company, 159
Bastilha, 138
Baum, Dan, 27-28
Bealer, Bonnie K., 175
Belzer, Judith, 90, 95, 96, 119, 120, 143, 181, 183-184, 186, 188, 194, 199, 217, 258
    na cerimônia Wachuma, 272
    pai de, 289-290, 292
Benally, Steven, 240-243, 247, 249, 250
Benjamin, Beth, 83
Bennett, William, 40, 104
Black, Bob, 55-58, 74, 77, 79
Blake, William, 262
Blossfeldt, Karl, 72
Bodhidharma, 153
Bolsa de Valores de Londres, 134
Bomba de hidrogênio, 96
Brasil, 171
Brown, Dee, 218
Browning, Robert, 64
Budismo, 261
    chá e o, 130, 153-154
Bulletin of Narcotics, 74
Bulwer-Lytton, Robert, 46
Buscador de visões (Lame Deer), 240n
Button's Coffee House, 134

cabras, 127, 191
cacau, chocolate, 122n, 129

cacto, *ver* peiote; cacto São Pedro
café (Coffee), 9, 10, 90, 131
    água e, 129-130
    banimento do, 10, 151-152
    benefícios do, 166
    cafés, 128-130, 139, 142, 52
        na França, 138
        na Inglaterra, 133-138
        Starbucks, 165, 169, 181
    cerimônia, 170
    colombiano, 185-186
    consumo por Balzac, 139-140, 146
    cultura do, 171-173
    descafeinado, 166
    descoberta do, 127, 128, 190
    efeito laxante do, 167
    exploração econômica e, 170, 172
    história do, 127-143, 153-154
    Juan Valdez, personagem e, 185-186
    Mocha Java, 153
    na Inglaterra, 17-143, 154, 155
    no mundo árabe, 128-130, 152
    nos Estados Unidos, 156n
    origens da pausa para o café, 158-164
    plantas, 185-189
        aumento do território do, 121
        colheita do, 187-188
        mudança climática e, 186-187
        preço dos grãos, 174-175
    Peet e, 173-178
    preocupação com os efeitos e a potência masculina, 136, 166
    racionalismo, 138-139, 152
    sabor do, 177-178
    torra do, 150
    trabalho e, 152-153, 156-164
    ver também cafeína
Café de Foy, 138
Café de la Cima, 186-187
Café Le Procope, 138
cafeína, 13, 16, 17, 109-192

adenosina e, 164-165, 169
álcool e, 127, 129, 148-149
aprimoramento cognitivo causado por, 143-145
capitalismo e, 150, 155, 157, 170, 188, 190
cérebro e, 65
chegada na Europa, 127-139, 149
como bênção ou maldição para a civilização, 129, 156-157, 170, 190
como droga, 9, 10
consciência de holofote e, 146
consciência e, 113, 114, 117, 123, 146
crianças e, 117-118, 129
criatividade e, 146
desempenho físico e, 148
duração dos efeitos, 166
em refrigerantes, 115, 179
energia da, 158, 164, 169-170
estudos científicos, 144-146
experimento de Pollan com abstinência, 14, 115-121, 141-142, 180-185, 191-192
foco aprimorado por, 149, 183
habituar-se a, 165, 183
história da, 123-124, 146-157
insetos e, 122
  abelhas, 16-17, 124-125, 179
marés altas e baixas, 141
na Guerra Civil, 158
propriedades herbicidas de, 122
retirada de, 115-120, 141, 144, 145
ritmos circadianos e, 158
sono e, 142, 164-170
vício em, 121, 146-148, 149, 165, 191
ver também café; chá

cafés na França, 138
Calabrese, Joseph D., 253-256
Califórnia, incêndios, 260, 272
Camellia sinensis, ver chá

câncer, 164, 275
cannabis, ver maconha
Cantrell, Richard, 87
capitalismo, 148, 152, 157, 170, 188, 191
Caribe, 149
Carlisle Indian School, 230
Carlos II, Rei, 137-138
Carta de Direitos, 54
Carter, Jimmy, 230
Cascas de banana, 69
Castaneda, Carlos, 242
Cacto São Pedro (Wachuma), 13, 198, 200, 226, 231, 271
  cerimônias com, 269-275, 283-294
  compra por colecionador, 212-213
  cozimento do, 277, 278
  Don Victor e, 271, 277-278, 293
  dureza do, 272
  extração da mescalina do, 217
  fertilização do, 227
  no jardim de Pollan, 211-217
  status legal do, 216, 217
  Taloma e, 268-279, 284-294
  taxonomia e botânica, 211-214
cérebro, 16, 18, 101-102
  adenosina no, 165
  cafeína e o, 165
  codificação preditiva no, 265
  informações filtradas pelo, 203, 264-265
  mescalina e o, 265
  no sono profundo, 169
  psicodélicos e o, 265
  ver também Consciência
Cerro Tusa, 186
cerveja, 105, 138, 150
Ch'a-ching, 154
chá (Camellia sinensis), 9, 10, 130, 132, 141, 153, 190
  açúcar e, 153, 154, 156, 171
  benefícios do, 154, 166
  Budismo e, 131, 154-155, 175

cerimônia, 155, 175
colhendo folhas de, 156
como enxaguante bucal, 153
cultura do, 137, 155, 175-178
descafeinado, 166
descoberta do, 130
expansão do território do, 117
exploração econômica e, 170-173
história do, 153-156
mulheres e, 136
na China, 127, 129, 153-155
na Índia, 171
na Inglaterra, 153, 156-157, 170-171
sabor do, 177-179
segurança da água e, 129-130
Twining e, 136-137
ver também cafeína
chá dos Apalaches, 122n
Chás de ervas, 142
chás, herbal, 143-144
Cheese Board, 120, 181, 194
Cheyenne e Arapaho, Agência, 236
China
chá na, 129, 132, 154, 155
ópio na, 172
chocolate, cacau, 122n, 129
cítricos, 125
Clinton, Bill, 26-27, 40, 210, 239
Cobo, Bernabé, 227
Coca-Cola, 69
cocaína, 45, 52, 60
codeína, 41, 88
coevolução, 122
Coffeeland (Sedgewick), 159
cogumelos, psilocibina, *ver* psilocibina
cola, 122n
colas, 134, 177
Coleridge, Samuel Taylor, 44
Colombo, Cristóvão, 219n
colonialismo, 170, 245
Colônias americanas, 156n, 223
Comércio de especiarias, 155

Companhia Britânica das Índias Orientais, 152, 155, 170-171
Companhia Holandesa das Índias Orientais, 149
comunas, 218-220
Confissões de um comedor de ópio (De Quincey), 44
Consciência de haicai, 261, 262
consciência de holofote, 144
Consciência de lampião, 147
consciência, 9, 11-13, 36, 103
cafeína e, 117, 118, 120-121, 122, 146
cerimônia do chá e, 155
correspondência entre plantas e, 15-16, 26, 102
desejo de alterar, 17
emperrada, 18
haicai, 259, 268
holofote, 146
lampião, 146
ordinária, 101, 263, 267
papoula e, 39, 100-101
seleção natural e, 265
status de droga ilícita e, 11
válvula redutora de, 202, 263, 265
ver também cérebro
Conselho Nacional das Igrejas dos Nativos Norte-americanos, 223
Constantinopla, 131, 132
constipação, 163
Counter Culture Coffee, 176
Couvillon, Margaret J., 127-128
Covid-19, pandemia, 18, 29, 286n
Pesquisa de Pollan com a mescalina e, 186-187, 191, 217, 240, 243, 259, 268, 272, 274, 275, 277, 278, 282, 283, 293
Cox, Clarence, 87
crack, 45
crianças, cafeína oferecida a, 117, 179
criatividade, 19
cafeína e, 147
Cristianismo, 236

Nativos Norte-americanos e, 210, 225-228, 230-233, 236
Crow Dog, Leonard, 240n
Crowning, Lisa, 82
cultura, evolução da, 19
Current Biology, 127
Czeisler, Charles, 168

Dança dos Fantasmas, 230-233, 236, 256
Davies, David, 170
Davis, Dawn, 246-250, 257
de Clieu, Gabriel, 149
De Quincey, 44, 101
DEA (Drug Enforcement Agency), 30, 35, 44, 106
 papoulas e, 71, 72, 74-87, 96, 105
 peiote e, 223
 Shulgin e, 207
Defoe, Daniel, 135
Dement, Bill, 169
Departamento de Agricultura, 70-72, 88
Departamento de Justiça, 111
Departamento de Serviços de Abuso de Substância e Saúde Mental, 29
depressão, 164
Departamento do Trabalho, 160
Descriminalizar a Natureza, 14n, 111, 243-245
Desmoulins, Camille, 138
Diderot, Denis, 139
Different Medicine, A: Postcolonial Healing in the Native American Church (Calabrese), 253
Disciplina corporal, 157
Divisão de Emprego, Departamento de Recursos Humanos do Oregon v. Smith, 238
DM (dextrometorfano hidrobromida), 38
DMT, 202
doenças
 microbianas, 132
 sono e, 167
Doenças causadas por micróbios, 132
Donovan, 69
dopamina, 163
Doyle Dane Bernbach, 186
drogas
 abuso de, 15
 alimentos vs., 11
 definição e uso do termo, 9-10, 198, 240, 243, 254
 hedonismo associado a, 254
 modelo moral para uso, 254
 natureza dupla de, 15
drogas, ilícitas, 11, 44, 105
 agendamento de, 57, 59-60, 90, 206, 213-215
 classificando substâncias como, 101-102
 descriminalização de, 14, 106, 242-245
 despejo como resultado de, 51
 guerra às, 13-14, 26-31, 36, 52, 61, 90, 101, 105, 109-110, 137
  arbitrariedade da, 27, 39-50
  DEA em, ver DEA
  e crimes envolvendo armas de fogo, 48
  Governo Clinton e, 27, 39-40
  Governo Nixon e, 27-28
  Grandes traficantes e, 40
  índices de overdose e, 29
  peiote e, 211-212, 221-222
  potência das drogas e, 45
Drug Enforcement Agency, *ver* DEA
Dryden, John, 134
Duke, James, 88-89, 97, 99

Ecstasy, 208n
ego, 16, 20, 100, 202
Ehrlichman, John, 27
Eliot, T. S., 151
Emerson, Ralph Waldo, 219n

Encyclopédie (Diderot, ed.), 139
"enteógenos", alternativa à palavra psicodélicos, 244, 245
Enterrem meu coração na curva do rio (Brown), 218
enxadristas, 146
Erva-mate, 122n
Esalen, 269
escravidão, 170, 171-172
espiritualidade, *ver* religião e espiritualidade
"Esse" (Miłosz), 263n
Estados Unidos v. Progressive Inc., 96
estimulantes, 18
  ver também cafeína
estrada para Elêusis, A: Desvendando o segredo dos mistérios (Wasson, Hofmann e Ruck), 20n
ética protestante, 151
Etiópia, 129, 130, 174, 191

Fabricação de bombas, 96
Fairtrade International, 173
Fauci, Anthony, 199
FDA (Food and Drug Administration), 10-11, 13, 31, 37, 179
fenetilaminas, 209n
Festa do Chá de Boston, 156n
Fielding, Henry, 135
Flowerland, 185
flúor, 154
Fogo Sagrado de Itzachilatlan, 270
Food and Drug Administration (FDA), 10-11, 13, 31, 37, 179
Fortune, Robert, 155
Foucault, Michel, 157
Fulton, Will, 80
Fundo pelos Direitos dos Nativos Norte-americanos, 223

Galitzki, Dora, 47
Ginsberg, Allen, 262
Ginsburg, Ruth Bader, 285

gramíneas comestíveis, 123
Grecian Coffee House, 134-135
Gregos, antigos, 15, 31
Greinetz, Phil, 159-160
Griffin Daily News, 87-88
Griffiths, Roland, 116, 144, 157, 178-179, 193
Grinspan, Jon, 158
guaraná, 122n
Guerra Civil, 70, 158-159
Guerra do Vietnã, 218
Guest, C. Z., 52, 53, 61

Halley, Edmund, 134
Hamlet (Shakespeare), 204, 263
Harper's Magazine
  artigo de Baumna, 27-28
  texto de Pollan sobre ópio para, 27, 74, 89-97, 103-105
  páginas retiradas do, 96-103
Harvard Medical School, 168
Hass, Robert, 261
Hatun Sonq'o, 281
heroína, 27-31, 45, 52, 56, 76, 87
história do mundo em 6 copos, Uma (Standage), 134
história, jornalismo vs., 109
Hobhouse, Penelope, 43
Hofmann, Albert, 20n
Hogshire, Heidi, 48-49, 56, 57, 58, 59, 112
Hogshire, Jim, 37-42, 70-75, 85, 88, 97, 100, 111
  Black e, 52, 74, 77-78
  e-mail de Pollan para, 47, 48, 51
  Ópio para as massas, livro de, 25, 40-41, 45-46, 50, 56-58, 70, 71, 85, 86, 106
  Pills-a-go-go, publicado por, 37-38, 52-53
  prisão de, 47-49, 52-57, 60, 64, 73, 89, 91, 109
Hong Kong, 172

Howell, James, 150
Hoy, Mike, 56
Huicho, povo, 194, 227, 229
Humboldt, Alexander von, 121
Huxley, Aldous, 200-4, 209, 258-259, 263, 265-266

Iêmen, 130
Iluminismo, 139, 145, 148
imaginação, 19
imperialismo, 170, 245
Império Otomano, 128
Índia, 155-156
Indigenous Peyote Conservation Initiative (IPCI), 222-225, 250
Inglaterra
  café na, 130-7, 153, 155
  chá na, 153, 155-156, 170-172
  prosa na, 132
Inquisição Mexicana, 227, 228
insetos, 123
  cafeína e, 122
    abelhas, 16-17, 125-126, 179
Instituto Nacional de Alergias e Doenças Infecciosas, 199n
IPCI (Indigenous Peyote Conservation Initiative), 221-223, 241, 247, 253
Iron Rope, Sandor, 250-253, 257

Jackson, Don, 75
Jacob o judeu, 132
Japão, 153-154
Jardim Botânico de Nova York, 48, 63
Jardin du Roi, 149
Jardins de Peiote, 221
Java, 149
javelinas, 221
Jay, Mike, 228, 236
Jefferson, Thomas, 46, 62
Jekyll, Gertrude, 43
Johnson, William "Pussyfoot", 236
Jonathan's Coffee-House, 134

jornalismo, história vs., 110
Journey Colab, 207n

Kaldi, 130
Kovner, Victor, 94-96, 108

Lame Deer, 240n
Larkin Company, 159
láudano, 44, 97, 105
Leary, Timothy, 15n, 206
lei criminal de 1994, 26
Lei Federal de Substâncias Controladas 1970, 60
Lei Seca, 104-105
  peiote e, 237
Life, 201
Lloyd's Coffee House de Londres, 134-135
Loompanics Unlimited, 41, 56
Los Wigwam Weavers, 159
LSD (dietilamida do ácido lisérgico), 20n, 30, 201-202, 207, 219, 258, 260-262, 265
  aranhas e, 124
  doses de, 207
  mescalina eclipsada por, 207
Luís XIV, Rei, 149

MacArthur, John R. "Rick", 89, 93-94
maçãs, 46, 106
maconha (cannabis), 12, 28, 29, 38, 42, 86, 102, 127
  aranhas e, 124
  cultivo por Pollan, 12, 37
  liberalização das leis da, 15
Maffucci, David, 109
Mágico de Oz, O, 44
Maloney, Bill, 87
Manual Estatístico e Diagnóstico de Desordens Mentais (DSM-5), 116
Martha Stewart Living, 34, 61
Martinica, 149
massacre de Wounded Knee, 232

Matyas, Joe, 104-107
MDMA, 209n
Meca, 131
Medellín, 186
Medo e delírio em Las Vegas (Thompson), 258
melões, 46
memes, 19
mescalina, 13, 16, 17, 20, 195-294
    ausência de pesquisa científica sobre, 208
    cérebro e, 266
    cerimônias com, 207
    como distinta de outros psicodélicos, 201
    dosagem de, 208
    duração dos efeitos, 208, 266-267
    experiência de Pollan com, 256-268, 286
    história que Pollan planejava com, 197-200
    Huxley e, 200-206, 208, 256-257, 263, 265
    LSD eclipsando, 208-209
    ocidentais, 205, 207
    plasticidade mental induzida pela, 254
    sintética, 205, 227, 247
    ver também peiote; cacto São Pedro
Mescalina: uma história global do primeiro psicodélico (Jay), 228
Michelet, Jules, 159
milho, 123
militares, 138
Miłosz, Czesław, 263n
Misson, Maximilien, 133
Mocha, 148-150
Monticello, 46, 62
Mooney, James, 229-231, 234-237
Moore, Cherie, 86
Moore, Rodney Allan, 86, 87
morfina, 13, 16, 17-18, 41, 68, 86
Morgano, Vincent, 87

morning-glory, sementes, 70
morte e morrer, 15
    vida após a morte, 19
mudança climática, 187-188
mulheres, 203
    cafés e, 133
    chá e, 136
    preocupação com o efeito do café sobre a potência masculina, 136, 166
    tônicos para, 102
mundo árabe, 11, 131-132
mundo da cafeína, O (Weinberg e Bealer), 175
Mundo Islâmico, 131-133
mutagens, 19

NASA, 124
Nation, Carry, 104
National Geographic, 168
Nativos Norte-americanos, 248
    álcool e, 235, 251, 252, 254
    Cristianismo e, 210, 225-228, 233
    Dança dos Fantasmas, 231-233, 235, 254
    destruição de culturas de, 228-230, 255-258
    interesse público no, 217-219
    Mooney e, 229, 233-236
    natureza como vista pelos, 205, 261
    no Massacre de Wounded Knee, 233
    Peiote Indígena
        Cultivo de peiote e, 223-224, 247
        Iniciativa de Conservação e, 221-222, 241, 247, 249
        Mito de origem do peiote e, 223-224
        Na Igreja Nativa Americana, 197, 210, 219, 223-227, 237-240, 241, 243, 253, 255
        Sacerdotes e, 222, 233-235, 240
        Sistema de fornecimento e peyoteros, 222, 223, 246

peiote usado pelos, 12, 13, 197-198, 205-207, 210
   direitos da Primeira Emenda e, 12, 236-238
   emendas ao Ato de Liberdade Religiosa para os Indígenas Americanos e, 209, 239, 247
   Serviço de Saúde Indígena e, 254
   Relocação para reservas, 229, 235, 254-255
   Uso dos termos "Nativo Norte- -americano" e "Indígena", 218n
Nature's Arts, Inc., 75
neurotransmissores, 16
New York Post, 52
Newsweek, 218n
Newton, Isaac, 134
Nixon, Richard, 27
Notas de Trout sobre São Pedro e espécies Trichocereus relacionadas (Trout), 213

Ogden, Shepherd, 48, 80
Ópio para as massas (Hogshire), 26, 41- 42, 47, 56, 58, 69, 71, 84, 86
ópio, 23-108
   como remédio, 44-45
   Guerras do Ópio, 172
   láudano, 44, 97, 104
   mitos sobre, 85, 87, 88
   na China, 172
   na Índia, 172
   Retirada do, 70
   Texto de Pollan na *Harper's Magazine* sobre, 25-26, 74, 89-97, 109-110
   Páginas retiradas do, 89-108
opioides, opiáceos, 13-16, 31, 36, 70
   codeína, 39, 88
   como analgésicos, 17, 30, 44
   epidemia de, 13-14, 29-31, 109
   heroína, 28-30, 45, 50, 76, 87, 97
   morfina, 13, 16, 17, 42, 70, 88
   mortes por overdose de, 29

OxyContin, 14, 31, 109-110

Pan-American Coffee Bureau, 163- 164
papoula (*papaver*)
   P. giganteum, 63
   P. rhoeas, 34
   ver também papoulas
papoulas (*papaver somniferum*), 31, 32, 215
   alcaloides na, 16, 31, 39, 68, 88, 97, 99, 102
   chá da, 40, 41, 69-71, 75, 84, 88
   Pollan ingere, 96-100, 105, 109
   como cultivo doméstico nos EUA, 71
   Cultivo por Pollan, 13-14, 27-37, 41, 44-46, 63-68, 74, 76-79, 86, 88-98, 105-106
   empresas de sementes e, 35, 46-47, 50, 79-85, 109
   Galinhas e Pintinhos, 47
   Hogshire e, 37-42, 52, 68-78, 85, 88, 97-100, 109
   Black e, 52-53, 74, 77, 78
   Ópio para as massas, 27, 40-41, 45- 46, 49, 53-55, 70, 71, 84, 86, 106
   Pollan, e-mail e, 47, 48, 51
   prisão sob acusação de drogas, 47-48, 52-57, 59, 65, 73, 89, 93, 109
   P. paeoniflorum variedade de, 32, 33, 66, 69
   Punições para cultivo consciente, 47, 90
   secas, 42, 43, 47-48, 50, 53, 59, 60, 66, 68-72
   sementes de, 49, 50, 65, 67
Paracelso, 122
Paris, cafés, 138
Parker, Quanah, 225, 232-233, 235
Patchen, Jerry, 257

Peet, Alfred, 180-181
Peet's, 180, 181, 185
peiote, 12, 127, 197, 200, 271
   antiguidade do, 225
   apropriação cultural do, 207, 219, 242, 247
   banimento pela Inquisição Mexicana, 226
   Calabrese e, 254-255
   cerimônias com, 219, 222, 225-227, 237-242, 245, 248-256
   como "droga", 198
   crescimento lento das plantas, 220, 272
   escassez de, 206, 208, 209, 222, 243-245
   fertilização das plantas, 229
   guerra às drogas e, 212-213, 236-237
   Iniciativa de Conservação do Peiote Indígena e, 221-223, 241, 246, 248
   Lei Seca e, 235, 236
   moda na década de 1970, 241
   movimento Descriminalize a Natureza e, 242-245
   no jardim de Pollan, 217, 220, 221
   normas sociais reforçadas pelo, 254
   povo Huichol e, 198, 225, 229-230
   sabor do, 221
   Shell e, 235
   status legal do, 242-243
   uso pelos Nativos Norte-americanos, 12, 13, 197-198, 205-207, 209
      cultivo de peiote e, 223-224, 247
      Direitos da Primeira Emenda e, 12, 236-238
      Emendas ao Ato de Liberdade Religiosa dos Indígenas Americanos e, 209, 238, 245
      Iniciativa de Conservação do Peiote Indígena e, 223-225, 241, 246, 248
      mito de origem do peiote e, 223-224
      na Igreja Nativa Americana, 197, 210, 219, 223-226, 235-239, 241-245, 254, 256
      sacerdotes e, 222, 233-235, 240
      Serviço de Saúde Indígena e, 254
      sistema de fornecimento e *peyoteros*, 222, 223, 246
   ver também mescalina
Pequeno Urso, 269
Peru, 225
pharmakon, 15
Pills-a-go-go, 37, 55-57
plantas
   correspondência entre a mente e, 15, 26, 100
   néctar das, 16, 127-128
   substâncias químicas de defesa produzidas pelas, 16, 99, 221, 122-123
   ver também alcaloides
Pó de anjo, 60
polinizadores, 17, 125-127
Pollan, Michael
   experimento com abstinência de cafeína, 14, 115-121, 142-143, 181-185, 191
   artigo para a *Harper's Magazine* escrito por, 25-26, 74, 89-97, 107-108
      páginas removidas do, 97-106
      bebendo chá de papoula, 97-101, 105, 109
   colhendo café, 187-188
   esposa de, *ver* Belzer, Judith
   experiência com mescalina, 257-268, 286
   jardinagem, 36, 40, 42, 45-46, 217
      cacto São Pedro, 209-217
      macieira, 45
      maconha, 12, 39
      melões, 45-46
      papoulas, 13-14, 27-37, 42-48, 63-68, 74, 76-80, 84, 86, 88-98, 101, 105

peiote, 103, 105, 106
  na cerimônia Wachuma, 284-294
  reportagem sobre mescalina planejada por, 197-200
Pope, Alexander, 134
Por que nós dormimos (Walker), 165, 167
portas da percepção, As (Huxley), 110-203, 204
Povos indígenas, 11-13, 20
  cacto São Pedro usado pelos, 198
  fogo Sagrado de Itzachilatlan e, 271
  Huichol, 198, 229, 231
  natureza como vista pelos, 205, 261
  termos usados pelos, 218n
  ver também Nativos Norte-americanos
Primeira Emenda, 11, 92n, 94-95, 237-238
Progressive, The, 96
Prozac, 106
pseudoefedrina, 55
psicodélicos, 11, 18, 127, 200, 219, 259
  ayahuasca, 20, 127, 202, 207, 243, 262, 271, 276
  cenário e ambiente no uso de, 15n, 205, 254
  cérebro e, 266
  Consciência de lampião e, 149
  cunhagem e uso da palavra, 201, 243
  "enteógeno", alternativa à palavra, 14, 243
  espiritualidade e, 20
  LSD, 20n, 200-201, 207, 261, 262, 265
    aranhas e, 123
    doses de, 208-209
    mescalina eclipsada por, 209
  mescalina, *ver* mescalina
  naturalização da, 243
  no Ocidente nos anos 1960, 254
  peiote, *ver* peiote
  pesquisa científica sobre, 206, 208

psilocibina, 11, 14, 18, 20n, 125, 201, 206, 209, 243, 262, 264
  terapia usando, 14, 207, 241, 25
psilocibina, 11, 14, 20n, 129, 201-202, 207, 209, 243, 262, 265
Purdue Pharma, 30, 110
Puritanismo, 144

racionalismo, 138, 151
Rape of the Lock, The (Pope), 134
Reagan, Nancy, 40
reforço, 178-179
refrigerantes, 116-117, 179
  colas, 70, 134, 179
Reid, T. R., 168
religião e espiritualidade, 14, 20
  Budismo, 259
    chá e, 128, 154-155, 173
  Cristianismo, 259, 260
    Nativos Norte-americanos e, 205, 225-228, 233, 235, 236
  Cura no, 254
  peiote e, *ver* peiote
Religiosidade dos Indígenas Norte-americanos
  Emendas ao Ato da Liberdade, 209, 239, 248
relógios, 151-152
remédios frios, 36
Revolução Americana, 156n
Revolução Industrial, 152, 156
ritmos circadianos, 152
Robitussin DM, 38
Romanos, 31
Royal Society, 134
Ruck, Carl A. P., 20n

Sackler, 30, 111
Salmon Creek, Farm, 217, 220
Sandoz, Laboratórios, 101
Scalia, Antonin, 238-239
Schivelbusch, Wolfgang, 131, 139, 151

Schultes, Richard Evans, 221, 237
Science, 126
Sedgewick, Augustine, 159
serotonina, 163
Serviço de Saúde Indígena, 255
Shakers, 70
Shakespeare, William, *Hamlet*, 204
Shell, Charles, 236
Sherman, Beth, 74
Shulgin, Alexander "Sasha", 208-209, 211, 216
Shumla, Caverna Nº 5, 226
Sides, Hampton, 218
sidra, 104-107
sinsemilla, 45
Sluder, Katie, 83
Smith, Alfred Leo, 238
Smithsonian Institution, 229, 235
Snake, Reuben A., Jr., 239
Snyder, Larry, 74-75, 82-86
sono, 168
    adenosina e, 161-162
    álcool e, 169
    cafeína e, 142, 164-171
    desejo por, 164
    desejos e, 167
    interrupções no, 167
    profundidade, 168
Sotan, Sen, 154
Standage, Tom, 134
Starbucks, 145, 157, 167
Steele, Richard, 135
Sterne, Laurence, 135
Stewart, Omer C., 232
Sufis, 164-165
suicídio, 164-165
Sul Ross State University, 222
Suprema Corte, 27, 40, 54, 238
Swift, Jonathan, 135
Swift, T. Cody, 223

Table, Montanha, 219
Taloma, 238, 284-294

Tampu T'oqo, 281
taninos, 132
Tarahumara, 205
Tastes of Paradise (Schivelbusch), 139
Tater, The, 135
Taylor's Guide to Annuals (Ellis), 34
tebaína, 41
terror, Guerra do, 28
Terry, Martin, 197, 221-225, 249
Thompson & Morgan, 82, 86
Thompson, Hunter S., 258
Tinajani, 281
Tough, Paul, 26
Touro Sentado, 232
toxinas e venenos, 15, 16, 102, 123-124
trabalho, 168
    álcool e, 149, 150
    café e, 149-150, 156-164
Trabalho, Departamento do, 160
trauma, 275-276
Trigg, Charles, W., 158
trigo, 123
Trout, Keeper, 212-216, 229
Turnos da noite, 152
Turnos tardios, 156
Twining, Thomas, 136

União pela Temperança das Mulheres Cristãs, 104, 105
Universidade de Newcastle, 125
Universidade de Oxford, 125
Universidade do Alabama, 207n

valeriana, 106
venenos e toxinas, 15, 16, 105, 123
Veneza, 132
Vespúcio, Américo, 207n
vícios, 29, 105, 147, 148, 275
    a cafeína, 133, 147-149, 152, 173
Victor, Don, 198, 268, 271, 278-283, 293
Vida após a morte, 120

vinho, 105, 131, 136, 176
Voltaire, 139

Wachuma, cacto, *ver* cacto São Pedro
Walker, Matthew, 162-163, 165-169
Wasson, R. Gordon, 20n, 201
Weinberg, Alan, 175
Welch, Gillian, 119
Whitman, Walt, 46, 262
Wilder, Louise Beebe, 43, 44, 64
Will's Coffee House, 135
Willee, 211
Williams, William Carlos, 262

Wilson, Jack (Wovoka), 231
Winterrowd, Wayne, 63, 84
Wirikuta, 229
Wixáritari (Huichol), povo, 198, 227, 229
Wolff, Geoffrey, 218n
Wong, Joel, 75-76
Wovoka (Jack Wilson), 231
Wright, Geraldine, 125-126, 179

xaropes para tosse, 38

Zen-budismo, *ver* Budismo

1ª edição	FEVEREIRO DE 2023
impressão	BARTIRA GRÁFICA
papel de miolo	PÓLEN NATURAL 70 G/M²
papel de capa	CARTÃO SUPREMO ALTA ALVURA 250 G/M²
tipografia	JANSON TEXT LT STD